# 精油香水
## 第一次玩就上癮

The Encyclopedia *of* Essential Oil *and* Perfume

**創造香氛新樂趣**

40 種精油香氣解析＋ 10 大調香經典法則＋ 120 款獨家香水配方，
絕不藏私完整公開！

✱ ✱ ✱

推薦序 1

# 藉由調香撫慰療癒身心

在芳療培訓超過 15 年以上的我，一聽到這本超級實用的工具書要出版，就十分喜悅與備感欣慰。這是一本與市面上你看見的芳香療法書籍與眾不同的工具書，與香草魔法學苑合作也超過 10 年以上，我們都一起見證了芳香精油的春秋戰國時代，在亂世中這本劃時代寶典出版之後，真心覺得為了這繽紛的精油時代照耀了曙光。

一直以來學苑的調香師們在植物的研究以及調香製香的領域，花了很多時間累積知識與經驗，對於如何設計配方更是有許多獨到的見解，相信讀者們在讀過此書後一定會功力大增。

本書由淺入深的帶入，不管你只是愛用精油的同好，或是專業的芳療師都能在書中獲得不同的知識與見解。

對於大眾的讀者來說，能了解如何運用精油來處理問題並且調香；對於芳療師的讀者來說，更是能快速上手；書中將每個植物如何運用在調香這個部分寫得很詳細，包含香氣的描述、心靈層面帶給人們的感覺以及漸進式的添加配方所呈現的感受，最後還有許多針對各種不同情緒所對應的精油配方；書中所建議給大家的配方，都是我和賓老師在實務上已得到許多個案的回饋，證實對於個案的身心狀態有所調整與幫助的配方，期望讀者們能細細的品味並且大膽的嘗試，也期許能幫助讀者們藉由調香來撫慰療癒自我的身心。

最後，希望讀者們拿到這本書後，讓它不僅僅是一本工具書，更是在你低弱無助、悲傷難過時陪伴著你（使用書中的配方）度過，給予你正面能量的一本書。這麼好的香氣情緒療癒的書，在現今生活壓力大的環境中，你是不是應該也有一本呢？

美國 NAHA 芳療／美國 ABH 催眠協會國際學校校長

*Ethen*

# 最完美的精油香水參考書

在多年的芳療教學路上，有不少的同學們想學習芳療的原因是精油迷人的香氣。

「我很喜歡甜橙這樣柑橘類的氣味，酸酸甜甜水果的香氣，總是能讓我在上班時萎靡的情緒可以得到提振，更有精神了。」

「薄荷總是讓我有說不出的安全感，這樣涼涼清爽的氣味反而讓我更好睡，很多人都覺得很奇怪，後來才發現這是我小時候記憶中，對於奶奶的回憶。」

「岩蘭草的香氣原本讓我好害怕，因為有泥土和植物根部的氣味，覺得不是很舒服，但是在某一次失眠使用了之後，居然可以熟睡，從此我就愛上了岩蘭草。」

這些對於香氣的形容，都是我經常性在課堂上聽到同學們和我分享的，每個人喜歡的香氣大不同，更有很多都是因為某些記憶而有了情緒對應。

從這本書的一開始，作者就帶領我們進入香氣的歷史，了解更多精油香水在歷史上的故事。接下來將眾多植物香氣分門別類，讓我們更容易了解每種植物精油的不同，可以靈活運用。

其實香氣是非常難被形容出來的，除非對於這些香氣有一定的熟悉度，作者在書中對於香氣很有自己獨特的形容方式，感覺身歷其境，對這些植物香氣們有進一步的認識。

調香配方與案例帶入了許多故事與香氣背景，讓我們對於配方的香氣能加以融入在其中，選擇出自己有興趣的香氣做出調香。

最後作者毫不藏私地依不同情境設計了數十款非常具有特色的精油香水配方，想變成陽光男孩嗎？或者想知道什麼是招財的香氣嗎？春夏秋冬的四季又應該是什麼樣的氣味呢？不妨可以從這本書找出最喜歡或屬於自己的狀況試著調出香氣，相信你一定可以成功調製出一款層次豐次又專屬於你自己獨特香氣的精油香水。

「藏香塾」負責人／美國 NAHA 國際芳療認證講師

# 第一次調配精油香水就上手

這本書對作者是挑戰，對讀者是享受。因為香味一直都是人們最好奇也最難掌握的焦點。

我們都喜歡花香，但是我們也只會說「花好香啊！」不會具體的描述每一種花香，不會仔細的區分茉莉花和玫瑰花的香味有何不同？如何讓花香彼此之間的搭配做成配方？如何調配出「如公主般的香味」、「如學生般的氣質」、「如科技男的特質」、「如熱誠好人緣的氛圍」……所以真的是挑戰。但是如果可以呢？這就是這本書能帶來的收穫。

電影《香水》中，老香水師江郎才盡的無奈，香水天才調配配方時的瀟灑，彷彿重現中古歐洲上流社會那種古典華麗。慢著，電影台詞中那些配方……丁香、茉莉、廣藿香，以及提煉香料的過程，那不都是在說精油嗎？

當然是的，精油自古就是用來調配香水的，所以精油香水只不過是回歸古法，不是新創。

那市面上這些香水難道不是用精油嗎？抱歉，市售香水幾乎都是用化學香精為原料，原因在本書中也有具體的說明。

中文書中罕見的對精油香水如此詳盡的解說，由於本人從策畫期間就參與本書的編寫，忍不住要分享「這本書該怎麼讀」的心得。

如果您是喜歡循序漸進、按部就班的人，從第一頁起你就會被本書流暢的文筆功力吸引，津津有味的沈溺在香味世界中，估計一星期內就可順利出關，修煉成果。

如果你手邊已有一些精油，想趕快練習上手，可以直接從這些精油開始，本書的設計就是讓你只有一瓶精油都可以調香水，有了成就感當然更有興趣。

書後面附有調香流程圖與精油調香速簡圖，有了這兩樣法寶，想成為香水大師還不容易嗎？

香草魔法學苑創辦人／芳療顧問

Kenny

# Contents

## 目　錄

# Part 1 基礎篇

本單元將概述精油調香的歷史與典故，調香師們的香水修練歷程，與使用香水的常識與技巧，還有如何訓練自己的嗅覺敏銳度，培養自己的香氣地圖。最最重要的是，如何運用精油美妙與迷人的香氣，調製出一款與眾不同、絕對成功且是自己最喜歡，也不會和別人撞香，可以展現個人獨特魅力的精油香水。

## Chapter 1　香水修練之路

## Chapter 2　香氛魔法 DIY

# Part 2　香氛精油篇

本單元芳療師們將彙整他們 20 年來的調香經驗,把各種精油以香氣的特質分門別類,如性感浪漫花香系、靈活多變草香系、陽光快樂果香系、堅定穩重木葉香系、圓融飽和樹脂香系、溫暖厚實香料種籽香系等六大類,用流暢洗練的文筆,精采又具體的描述每一種精油的香氣與感覺,讓你跟著文字的流動與韻律,慢慢從中體會感受每種植物帶來芳香與療效,且不由自主地進入精油調香的美妙境界。

## Chapter 3　性感浪漫花香系

# Chapter 4 靈活多變草香系

# Chapter 5 陽光快樂果香系

# Chapter 6 堅定穩重木葉香系

# Part 3 調香配方與範例

本單元除了破解市面上商業香水的機密外，也將公布完整的調香公式，並介紹調香的十大經典法則，還有近百種的經典精油香水配方與範例。最後還附有獨家設計「調香流程圖」、「精油調香速簡圖」與「40 種精油速記表」，讓你一路玩香到底，不想成為精油香水大師都很難！

## Chapter 10 品牌香水的配方與靈感解密

## Chapter 11 經典精油香水配方

**∵120** 款獨家調香配方

Contents ———— 目　錄 ————

### 貼　心　小　叮　嚀

1. 同樣是薰衣草精油，全世界有超過二十個產地、四十種品種、上百上千家廠牌的薰衣草精油，其氣味都不盡相同。本書中所提之每一種精油，都是以Herbcare香草魔法學苑品牌為對象做說明與描述，如果你用的並非是此種品牌的精油，請勿期待有一致的感受或體會。

2. 精油使用有其安全操作要領，如有必要，我們會在講述調配時做說明。本書中所提的精油使用及其配方，均可在調和成品之後噴灑於衣服、身體肌膚，做為沐浴或其他用途。

3. 針對少數過敏體質的朋友，請務必先實驗你是否會對相關成分過敏，請先少量接觸身體手臂內側皮膚，至少10分鐘以上觀察有無過敏現象，再決定是否使用。

## How to use this book ?

# 如何使用本書

設計概念
說明
1

## 1

每種植物清晰漂亮的大
頭照，讓你一眼就記住
植物本人。

**2**

每種植物的英文名
與拉丁學名。

**3**

每種植物賞心悅目的手繪
圖，加深你的視覺印象。

# 依蘭
## 華麗芳香的定香

**4**

每種植物的通俗名稱。

中文名稱
**依蘭**
英文名稱
Ylang Ylang
拉丁學名
Cananga odorata

| | |
|---|---|
| 重點字 | 浪漫 |
| 魔法元素 | 水 |
| 觸發能量 | 交際力 |
| 科別 | 番荔枝科 |
| 氣味描述 | 甜美熱情的花香 |
| 香味類別 | 濃香／媚香 |
| 萃取方式 | 蒸餾 |
| 萃取部位 | 花 |
| 主要成分 | β-畢澄茄烯（β-Cubebene）、香柑油烯（α-Bergamotene） |
| 香調 | 前一中一後味 |
| 功效關鍵字 | 浪漫／女性／熱情／異性緣／活力／豐滿 |
| 刺激度 | 中度刺激性 |
| 保存期限 | 至少保存期兩年 |
| 注意事項 | 懷孕期間宜小心使用 |

**5**

每種植物精油的定位，讓
你一眼就能掌握此種精油
的特色。

**6**

每種植物精油的基本資
料，也就是ID。除了標示
出芳療師該知道的科別、
萃取方式、萃取部位與主
要化學成分外，也特地標
示出調香時會用到的氣味
描述、香味類別與香調，
讓你快速掌握調香重點。

　　只要是想調成花香調的香水，用於定香的後味用依蘭就對了。

　　依蘭又稱為「香水樹」，可以說是芳療精油中最典型的「香水」香味，不同的是，因為提煉層次的不同，依蘭從特級、一級，到二級品質，呈現出來的香味也不一樣。唯有特級依蘭才能有飽和而豐富的香氣，如果到了二級，或是用其他劣質品種來混充的依蘭精油，可能會給你一種「廉價肥皂味」，感受就差很多了。

　　依蘭的香味是那麼的直覺，在我主持過那麼多場的芳療講座中，每一次在傳遞聞過了各種精油試香紙後，傳下去依蘭的試香紙，總會出現「戲劇性」的氣氛；有些人猛一聞，會發現它的香度超強，而被嚇一跳；有的會非常喜歡它的香度；有的

**7**

每種植物精油的內容介
紹，包括特色、香味描繪
與如何應用。

89

設計概念
說明
2

**1**

每種植物精油相關的配圖，讓畫面的呈現更豐富，閱讀起來更興致盎然。

**2**

每張配圖照片的說明文字。

**3**

每種植物精油的簡介與精油瓶外觀。

**4** 每種植物精油做為香水配方的各種使用時機。

---

↑在東南亞的習俗中，新婚洞房的床上必定灑滿依蘭的花瓣，用依蘭泡澡也是貴族公主們保持萬人迷的秘密武器。

則會因為太強的香度表示不能接受……他們不知道的是，光是傳遞依蘭的試香紙，就足以讓演講大廳的空間中，飄盪著淡雅的香味。而等一下如果請大家來試做一瓶精油香水，絕大多數的人，還是會挑選依蘭做為香味的一部分。

依蘭的香味是非常飽和的甜香與花香，香氣隱然有發酵後的味道，這是所有具有「挑情」性質香水的特質，給人一種奢華糜爛感。而強勁的味道很容易主宰香水配方成為著名的中後味，拿來做為花香、果香類香水的定香劑是個不會出錯的選擇。

依蘭做為調情與羅曼蒂克的象徵其來有自，在東南亞的習俗中，新婚洞房的床上必定灑滿依蘭的花瓣，用依蘭泡澡也是貴族公主們保持萬人迷的秘密武器。

### 依蘭精油做為香水配方的使用時機

† 充分展現女性嫵媚，表達性感的首選。

† 依蘭也有異國情調與東方美的暗示，同時也有熱情的氛圍，如果你想來一段異國戀或成為聚會的焦點，依蘭肯定能讓你達成心願。

† 依蘭香味與茉莉為同系統，所以可以互相搭配使用，但建議整款配方中要有木香做為陪襯，後味也不宜過於香甜，可以用些土木香如廣藿香、岩蘭草之類的精油收尾，以免太過誇浮，引人側目。

† 要注意依蘭用的比例太濃烈容易使人發暈（情緒被勾引牽動的那種暈），所以除非你就是要高調，不然依蘭盡可能做為搭配性的香味。當然如果是你的新婚之夜，你就是主角，那就高調吧！

### 依蘭主題精油香水配方

| 配方 | A | 依蘭精油2ml＋香水酒精5ml |
|---|---|---|

依蘭精油

香味是非常飽和的甜香與花香，香氣隱然有發酵後的味道，這是所有具有「挑情」性質香水的特質，給人一種奢華糜爛感。

**5** 每種植物精油的主題香水配方介紹，作者將一步一步教你如何設計出適合這種精油的香水。

先用這樣的比例來純粹的感受一下依蘭野性不受拘束的性感香味吧！號稱香水樹的依蘭，香系與黃玉蘭、玉蘭花……都是同樣的濃香系列，光是鮮花本身就有足夠的香味，何況是精油？比較保守的人可能初聞會有點乍驚，怎麼這麼冶艷？不過當香味疏放出來後，自然會有種百花盛開花香撲鼻的喜悅。

當然我們也要修正一下，更多些氣質，在配方 B 中建議你這樣處理：

配方 **B** ｜ 配方A＋廣藿香精油1ml＋岩蘭草精油1ml＋香水酒精1ml

廣藿香和岩蘭草，就像兩個教養嚴謹的修女一左一右的把依蘭這個淘氣公主管得服服貼貼，所以還是保留依蘭冶艷的前味，但是中後味就能收斂並搭配氣質與沉靜，讓香味更耐聞許多。

配方第 9 號

**愛上依蘭**

依蘭精油 2ml ＋廣藿香精油 1ml ＋岩蘭草精油 1ml ＋香水酒精 6ml

在使用過後如想調整香味，這款配方的推薦補充如下：

✤ 補充乳香，也是很好的後味選擇。
✤ 補充肉桂，會讓香味溫暖度更深層。

✤ 補充甜橙，會讓香味更年輕更有活力。
✤ 補充杜松莓，增加中性的緩衝，以及不慍不火的中味。
✤ 補充丁香，這是另一種提供深度的配方。
✤ 補充冷杉或松針，稍稍中和太過的花香而中性與感性一點。
✤ 補充薰衣草，百搭且讓香味更耐聞。
✤ 補充黑胡椒，這會讓香味更有成熟韻味。
✤ 補充茉莉，擺明就是要勾引人。

**以依蘭為配方的知名香水**

 **ISSEY MIYAKE**
三宅一生氣息女性淡香精

香調──清綠花香調
前味──茉莉
中味──白松香、牡丹、依蘭、玫瑰、風信子、蜜桃
後味──青苔、琥珀、廣藿香

↑依蘭又稱為「香水樹」，可以說是芳療精油中最典型的「香水」香味。

**6** 每種植物精油香水的推薦補充配方。

**7** 市面上以這種精油為配方的知名香水品牌。

**8** 調香師根據每一種精油的特色，精心設計的專屬配方。

序言
# 我的品味我堅持

如同往常一樣，周末下午，我照例在星巴客的熟悉座位上，等著我剛點的特調，一邊翻翻剛買的一堆雜誌。

怎麼還沒叫到我的號呢？我正在納悶著。

「你的咖啡。」身後忽然傳來親切的問候。

我有點吃驚，星巴客不都是在櫃臺叫號自己去拿的嗎？什麼時候會自己送過來啊！呵呵，服務升級囉！

年輕的服務員熟練的在桌上放下了咖啡，有點尷尬的站在那裡。

「不會是要給小費吧～～」我看著他不安的表情，一時弄不清楚他在等什麼。

「對不起，我不是故意要打聽什麼……」

嘿，來這家店快半年囉，雖然面孔都熟了，可這還是第一次他主動和我說話。

「但是我有個問題，不知道能不能向你請教？」

看著他年輕的面孔掙扎著才吐出這些話，我不禁有些好笑。

「說吧，沒關係的！」

「我能不能請教你，你用的是什麼香水啊？好特別喔，我從來都沒聞過。」

「喔，呵呵，你是問這個啊？外面買不到的喔！」

「你千萬不要誤會，我沒別的意思，因為我女朋友生日快到了，我想送她個特別的禮物，我真的覺得你的香水非常特別，難道這是去國外買的嗎？」

「呵呵，你也別誤會我的意思，我說買不到，是因為這是我自己調的。」

「啊～～」他有些錯愕與吃驚，呵呵，這是當然。我露出勝利者的微笑。

「這樣吧！只要你答應，以後幫我送咖啡過來不用叫號，我就調一瓶送你，讓你去和你女朋友邀功去！」

「真的嗎？那還有什麼問題，就算你不送我我也可以幫我送過來，不過因為買不到，我又真的非常送她個與眾不同的東西，那就先謝謝囉！」

他欣喜的離開，我也得意的吐吐舌頭。老實說，他不是第一個問我「身上有股獨特香味」的異性了，說我自戀吧！不管問的人年齡老少，認識還是不認識，看著他們被香味勾引得按耐不安，欲言又止的神情，往往讓我有些好笑與得意，當然得意的不只如此，畢竟，這是我調出來的香水，其中表達的訊息也包含了我的品味，雖然我沒有藝術裁縫天分設計出我專屬的服飾，我總可以設計出能代表我的香水吧！

# Part 1 —— 基礎篇

　　據古籍記載，最早與香氣有關的紀錄源自於埃及。遠在西元前一世紀，埃及豔后就懂得利用植物精油的魅力用香氣保養身體，讓凱撒大帝與安東尼臣服在她的石榴裙下。不只如此，希臘、羅馬甚至中國，都在很久以前，就知道如何運用植物的香氣調香、殺菌、抗腐、抗毒與保養身體，可見精油調香與芳療由來已久。

　　此單元將概述精油調香的歷史與典故，調香師們的香水修練歷程，與使用香水的常識與技巧，還有如何訓練自己的嗅覺敏銳度，培養自己的香氣地圖。最最重要的是，如何運用精油美妙與迷人的香氣，調製出一款與眾不同、絕對成功且是自己最喜歡，也不會和別人撞香，可以展現個人獨特魅力的精油香水。

# Chapter1

# 香水修練之路

★ ★ ★

## 精油香水回歸初心

玩精油久了，開始玩精油香水是很自然的事。

順手翻翻精油相關的書籍，都會告訴你，早期的精油，在芳療史上的發展與香水史幾乎是一樣的重要。

香水的成分，不就是精油嗎？

不過這個自然的想法，在近年來，越來越不可得。因為現在的香水，採用純天然精油的變得極少了。

為什麼呢？

因為精油畢竟是天然的，每一年產出的精油成分不見得一模一樣，因此調出來的香味也會稍微有變化，同時精油是純植物自然產生的東西，就算調好的香水，還是會有變化，這種變化，都不是香水大廠樂見的，畢竟商業化的東西，要求的是穩定而不是變化。

精油是純天然的植物成分，容易揮發，香味留存不久，必須要用化學合成的定香劑，才能超越自然法則，有更長的留香時間。所以現在的香水師，都是以參考植物精油香氣為基礎合成精準的香精原料，然後在實驗室中調配出專屬的配方，配方屬於香水公司最高的秘密，也不可以被抄襲、仿造，如此才能源源不絕地創造出獨家的品牌香水。

商業香水的配方，對外公布的是這樣：
• 前味：玫瑰、香蜂草、綠茶
• 中味：香檀木、鈴蘭、香根草、百合
• 後味：依蘭、紫羅蘭、風鈴花、香水百合

但其實內部的配方是這樣：
香水原料編號第 17 號，香水原料編號第 81 號，香水原料編號第 203 號，玫瑰香精第 8 號，檀木香精第 3 號……

這沒什麼不好，只是太過商業性的東西，往往失去了本質，一瓶號稱茉莉香水，也許能給你彷彿茉莉的香氣，但是永遠比不上一捧真正的茉莉鮮花放在面前那種幽雅迷人與新鮮，還有就是，失去了那種「變化」，那才是令人迴腸盪氣又思念不絕的香氣。

唯有自行用精油調配香水，你才能避開這些。

厭倦了香水只挑選好看的瓶子，只在乎是不是名牌，只知道「香香的」……

其實香水是可以自己調的，不但可以

調些自己喜歡的味道，或是想表達的訊息，或是配合場所、事件、心情、對象環境……用香水可以有理由有原因，那麼唯有自行DIY調香才能百分之百的享有主導性。

用精油調香水，其實就是回復初心，回歸自然，回味香氛的純真。

## 香水傳奇

香水伴隨著文明發展，也有著不同的階段故事，這些故事，可以讓你做為個人

品味與興趣，細細咀嚼、娓娓道來，也可以增加你的文化底蘊與創作靈感，塑造出更具特色的香水配方。

### 香水在古文明的地位

古歐洲最輝煌奢華的文明，當屬羅馬帝國時代，所謂「輝煌奢華」，讓我形容一下：羅馬帝國是打出來的江山，因此健壯男人的體魄，或是美貌多姿的佳人，都是眾所矚目的焦點。羅馬貴族最常見的嗜好就是：洗澡。在大眾澡池展現剛陽曲線，羅馬人可以說是知名的暴露狂，洗澡完最重要的當然是按摩與用油，從用油的等級

就可以看出貴族出身的差距。條件好一點的貴族就能有更珍稀從遠方運來的香料，而更輝煌也更有錢的家族則有專用的調香師設計出與眾不同的特調香味，專供家族成員使用。如此，相信你眼中必定能浮現出如此的景象：在澡堂中，那些將軍元老們，一邊高談闊論，一邊享受僕人的服務，各家暗中較勁的則是自己專門重金蒐集而來的獨特香水配方，有錢的一方之霸，不但沐浴時將整把整把的玫瑰、茉莉、百合……灑在池中，他所擁有的按摩香油香味，則是獨家調配，保證人未到你就知道這是哪位重臣大官即將到來了……

↑香水是羅馬人炫富的手段，擁有獨家特調的香料，就和現在擁有限量版的超跑一樣讓人又忌妒又羨慕。

香水就是羅馬人炫富的手段，擁有獨家特調的香料，就和現在擁有限量版的超跑一樣讓人又忌妒又羨慕，羅馬貴族還發明一招很酷的炫富手法：把鴿子身上噴上香水，在宴會場合中釋放，讓鴿子拍翅時，香氣隨之瀰漫在空氣中，你說羅馬人懂不懂香氛氛圍？

難怪當耶穌聖嬰誕生時，東方三博士前往馬廄參拜時，所獻上的禮物是「乳香、沒藥、黃金」。在當時，乳香與沒藥這兩種精油原料的價值與黃金等值，且氣質非凡，更具意義！

香水工藝的重大突破是阿拉伯人發明的蒸餾提煉法，更精準的保留了香料的精華。十字軍東征又把這個發明帶回歐洲，讓整個歐洲宮廷仕女為之瘋狂。西元1533年，教皇的姪女凱薩琳下嫁法國國王亨利二世，帶來了華麗的義大利文化和生活方式，從而成為了法國香水文化的始作俑者。她的專職香水師並在巴黎開了第一家香水公司（這家香水店的遺址還可在巴黎找到）。

## 臭國王與香國王

在法國歷史上，亨利四世對香水毫不熱中，百姓私底下都譏笑他是「臭國王」。路易十三也是個臭王，他的王后對他的臭味忍無可忍，但她直到臨死前才告訴她的侍女，於是侍女們向她保證在她死後，一定用乾淨的亞麻布、香水和她收集的340雙有香味的手套來給她陪葬。

路易十四一點都不像他的祖輩，他對於臭味極其敏感，他命令宮廷香水師必須每天調製出一種他所喜歡的香水，否則就有上斷頭台的危險。所以後世對他有「香國王」之美譽。路易十四時的法國，國力為歐洲之盛，路易十四的一舉一動也影響了歐洲各國皇室貴族爭相仿效，因此法國在香水的時尚風潮中，開始成為引領潮流的先驅。到了路易十六，更是動用傾國之力將義大利的香水師高手挖角過來，從此奠定法國香水工業的基礎。

↑據說法王路易十四對臭味極其敏感，曾命令宮廷香水師必須每天調製出一種他喜歡的香水，否則就有上斷頭台的危險，所以有「香國王」之美譽。

↑現在的香水師，都是以參考植物精油香氣為基礎合成精準的香精原料，然後在實驗室中調配出專屬的配方。

↑法國香水工業在拿破崙時期由於其鼎力支持而盛況空前。

拿破崙眾多八卦故事中，最耐人尋味的是他寫給他未婚妻約瑟芬的情書，他告訴她說：「我快打完仗回來了，千萬不要洗澡！」可見拿破崙是個多麼重視「氣味」的人。

八卦一下，拿破崙也是情場傻子。他以為約瑟芬天生體香？其實約瑟芬不知道用了多少香水，還可以騙老情人拿破崙說：「討厭，這就是我天生的體香啦！」

法國的香水工業在拿破崙時期由於其鼎力支持而盛況空前，他鼓勵當時的科學家投入對有機化學的研究，從而使法國的香水工業產生了革命性的變化並開始領先世界的潮流。

## 法國香水之都——格拉斯

法國凱撒琳女王從義大利引入穿戴手套的時尚，使得當時的歐洲上流社會，流行將皮手套用薰衣草、迷迭香及各種香草精油處理過穿戴，不但芬芳迷人，還意外的發現更能免於流行疾病，於是格拉斯這個法國的小鎮，本來是以皮革業為主的。卻意外而穩當的成為法國乃至於世界的香水之都。

這個典故，在當事奇書——《香水》中，就是重要的故事發展主軸。主角葛乙奴一開始的工作就是做皮革清潔與運送的小工，又因為運送皮革到一位香水師的店

↑法國小鎮格拉斯本以皮革業為主，後來卻意外成為法國乃至於世界的香水之都。

裡，才開始了香水之路。

　　每年到了花開時節，全世界的香水師都會從各地蜂擁而至，以發掘出新的香味。格拉斯所出產的香精油包括：最高級的茉莉花、玫瑰、水仙及薰衣草。

### 香水是怎麼引領時尚的？

　　當近代流行趨勢開始更加的講究與注重時，早有流行趨勢專家發出：「一個穿著講究的女人應該也是個氣息出眾的女性！」的觀點，慢慢的所有的知名品牌都會開發設計出該品牌專屬而獨到的品牌代表性香水，而諸如 YSL、Dior、Givenchy 這些品牌開發出具有代表性且深受歡迎的香

水後，香水在大眾的心目中已經定下註定的價值觀。

　　香奈兒五號香水是目前知名度最大、銷售量最高、暢銷多年而歷久不衰的經典香水之一，也許這與其獨一無二的故事有著密切的關連：當時記者正採訪一代性感偶像瑪麗蓮·夢露，問說：「請問妳有什麼特別的睡覺養生秘訣？」她嫣然一笑，嫵媚的回答：「我喜歡裸睡，什麼也不穿⋯⋯只穿了點香奈兒五號。」這可以說是最經典的文辭，也非常優美的展現了適度的性感。

　　是的，美麗的女人會把香水當做最貼身的一層。

### 私人專屬香水師

為了凸顯個人氣質與風采，專屬調香師本來就是名流仕女引以為傲的身分表徵，就連現今歐美時尚寵兒，如珍妮佛・羅佩茲、席琳・狄翁、凱特・莫斯、哈利・貝瑞等都有自己專屬的香水。據說，珍妮佛・羅佩茲的訂製香味是一種嬰兒奶香，而瑪麗亞・凱莉的專屬香水，打開瓶蓋撲面而來的就是義大利卡布利島的氣息。你如有機會一遊香水之都格拉斯，可以花約40歐元的代價現場由調香師為你訂做一瓶專屬香水。

私人香水做為個性化的存在，開始嶄露頭角。

## 香味與臭味都是主觀

長期以來我們都認為，香味就是好的，臭味就是不好的。

這是一種主觀，而且不正確。

### 英國人最討厭的美國人最喜歡

曾有問卷調查以英國人為對象中發現，冬青木的香味是英國人最不喜歡的，但是類似的研究卻發現，美國人非常喜歡這種涼涼甜甜的香味。

為什麼同一種香味，英國和美國人有類似的文化背景卻有極大的差別呢？深入研究後發現，應該是冬青木精油普遍用在常見於英國的許多藥方中，因為冬青木是非常常用的筋骨傷害與止痛的成分，而美國人則把冬青木那種甜甜涼涼的香味當作口香糖的香味，所以同樣的味道，有人覺得好聞有人不喜歡聞，其實很正常，這是因為香味的喜惡和經驗有關。

←為了凸顯個人氣質與風采，專屬調香師本來就是名流仕女引以為傲的身分表徵，而美麗的女人一定會把香水當作最貼身的一層。

### 最頂級的咖啡來自貓屎

另外，有些絕妙的香味其實是來自臭味。例如咖啡界的極品麝香咖啡，是麝香貓吃入咖啡豆並且排出糞便，再從糞便中撿回咖啡豆，加以處理，成就最頂級的咖啡香，最香的來自於最臭的。

香的東西不一定就是好的。例如普遍用於化學合成香水的主成分定香劑，有非常多種的定香劑含有致癌物質，並且廣為香水界使用，包含很多品牌香水。

所以自己調配精油香水的第一個認識就是，不要陷入香與臭的主觀，對精油的香味也不要有先入為主的定義，盡量讓你能使用的精油範圍寬廣，才能有最多變的精油香水配方。

### 為什麼有人覺得薄荷很催眠？

連最明顯的香味與臭味的差別都這麼不明顯了，更別提這麼多種的精油，每一種都是完全不同的成分，會帶給不同的人不同的理解。

有些人對於氣味的認知太貧乏，例如從沒聞過薰衣草的人，第一次聞到薰衣草，你要他形容這是什麼味，他可能會說「樟腦味」，因為他只聞過樟腦味，因此在印象中，薰衣草就和樟腦味「差不多」。

大多數人都知道薄荷可以提神，但是有些人聞到薄荷香味會想睡覺，這又是為什麼？也許薄荷在他過去的經歷中曾有一段美好的故事，所以聞到薄荷香味讓他覺

↑同樣的味道，有人覺得好聞有人不喜歡聞，其實很正常，這是因為香味的喜惡和經驗有關。

得很放鬆，因此昏昏欲睡，這也是很正常的。同理，有人就是覺得薰衣草味道很刺鼻，反而提神，也是有可能的。更別提每一種精油都是全世界某個產地的特定植物提煉，幾十種精油代表幾十種完全不同的香味。

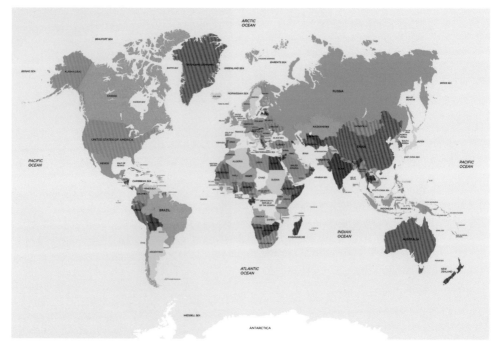

↑每一種精油在不同的產地都有不同的味道，調香時必須拋棄成見，培養自己的香氣地圖，才能成為一位稱
　職的調香師。

## 培養自己的香氣地圖

　　想要當一個稱職的調香師，對氣味的
敏感度是絕對需要的，有些人天生就對氣
味敏感，有些人則是麻木不仁，毫無差異，
當然，你必須是前者，或者必須訓練成為
前者。

　　很多人在聞精油的氣味時，通常都是
直接打開瓶蓋，鼻子湊過去用力吸氣，或
是保持一點距離，慢慢呼吸，也有的會聞
聞瓶蓋，老實說這些方法都不算能正確的
瞭解精油真正的氣味。因為這都是原始的

高濃度精油味道，甚至是精油和塑膠瓶蓋
化合過的味道，並不是做為擴香釋放出來
的味道。

### 沒有成見的聞香

　　如果你本身已經有些芳療精油的知識
與概念，或是手邊有現成的精油，並充分
瞭解這些精油的氣味，那是最好，或者你
有很好的擴香工具，如擴香儀／水氧機／
香氛機／擴香石，那也是不錯，這些都能
讓你透過自然擴散的方法，瞭解當精油揮
發在空間時，會是怎麼樣的味道。

就算是一張衛生紙也可以是很好的聞香工具。把精油滴在衛生紙上，每隔一段時間聞一下，就可以正確的了解這種精油真實的香味與層次。

有了對精油香味的基本認識後，就可以開始動手開發出自己的一套香氣地圖。

記住，精油是活的，香氣也是活的，對於「活的」東西，你必須保持一個心態：不能有成見。

什麼意思呢？

所謂「成見」，比如說：「我非常喜歡檸檬，我很討厭迷迭香。」這是一種成見。

「我覺得薰衣草就是草味，還有樟腦味。」這也是一種成見。

「我覺得快樂鼠尾草很像是迷迭香，但是沒有迷迭香好聞！」這還是一種成見。

這些都是沒有「尊重」並發揮天然植物精油，缺乏想像力的結果，這樣你永遠配不好精油香水。

這樣你還是屬於光看瓶子漂亮，就買香水的人。

香水地圖指的是你的香氣品味，你對每一種精油，是從某一個特殊產地，經過特定方法提煉而得，每一滴精油，必須從數十倍體積的香草植物提煉的事實有足夠的尊重，你才能玩好精油香水。

## 尊重原生植物與產地

我曾與一個香草農人聊天，他在抱怨因為乾旱的關係，今年的收成不好。

「喔，那你今年收成減產囉，減了多少呢？」

「往年這片薰衣草田可以收成兩公斤的，今年估計不超過一公斤。」透過我法國華僑朋友的翻譯，我得到這樣的答案。

「你說這片田，是指眼前這一片嗎？」

「是啊……」他無奈的用手比了一下。

老實說我對田地的面積計算沒什麼概念，但是望著眼前這一片亮眼的紫色薰衣草田，再想想這樣的一片土地與植物，也只能煉出一公斤的薰衣草精油，我特別感到一種知福惜福的珍貴與對精油的尊敬。

↑香的東西不一定就是好的，如普遍用於化學合成香水的主成分定香劑，有非常多種的定香劑含有致癌物質，並且廣為香水界使用。

你必須也要有這種感受，在調配與使用精油的時候，你才會有一種與自然接軌的親切感，也才能知道，你現在手中調配的精油該是多麼神奇的自然禮讚。

另一個必須建立的「感覺」，就是你必須能充分的理解精油是個多麼神奇的東西，它代表的是一地精髓、一方氣味。

我望著我手上這瓶精油香水，裡面有來自北美的冷杉，來自巴西雨林的花梨木，來自西班牙的迷迭香，與來自菲律賓的依蘭香水樹。

在正常情形下，這些植物已經代表了地球各大洲的當地資源，當地氣息，當地氣味，它們是不會自動調和在一起的。

但是我現在藉助了精油這種精粹技術的提煉，得到了它們的精華，加上我的智慧與創意，於是成就了手上這一瓶精油香水，其實我是得到了，整個大地的精華。

有了這種感恩與惜福的心境，在調理精油的過程中，你會更有心境與靈感，萬物為我所取，任我揮灑。

想要開始你的香氣地圖了嗎？

↑即使是一大片美麗亮眼的紫色薰衣草田，可以煉出的薰衣草精油其實也不多。

## 香氣修練如何開始？

首先你當然必須要擁有一些精油，就算是相同的精油品種，年份不同，產地不同，品牌不同，都可能會有不同的氣味，所以在選購時要特別注意識別。

芳香療法的專業知識最好要有，如果原來並沒有芳療的認知，並不妨礙你對精油調香的學習，但既然手邊該有的材料都有了，多會一些能改善身心協調的配方不是很好嗎？同時也會有助於你對精油的基本認識。

### 專心接觸每一種精油

接著要花功夫來把每種精油的氣味在你的腦海中定位，也就是你的精油香氣地圖。

方法其實很簡單也很有樂趣，首先你準備一個約 100ml 的杯子，杯口宜寬，一般的咖啡杯或茶杯就可以了（喝紅酒或白蘭地杯更是適合，因其本身設計就有聞香的目的），然後把你想要熟悉的精油滴入約 5 ～ 10 滴，滴入後用手稍微溫熱杯子，並在杯口慢慢的吸嗅氣味，記住，當精油

香氣擴散出來，首先呈現的就是所謂前味，等你慢慢熟悉這種氣味後，你可以把杯子放開，然後盡可能每隔約十分鐘再聞一次，在前半小時內的氣味屬於中味，等到你對中味熟悉後，每隔一小時左右再聞一次，超過一小時的氣味就屬於後味了。

盡可能每一次的吸嗅都做筆記，記下你對當時聞到的氣味有何感覺，對於新手來說，你可能根本不知道該如何寫，最常見的感想就是……

薰衣草精油是什香味啊？廢話當然就是薰衣草的香味。

如果這完全說中了你的心思，給你個小提示：可以用名詞或形容詞來表達，我以薰衣草精油為例……

• 明顯的草香味，有點像是加了糖的涼茶，但有點刺刺的。

↑每一種精油幾乎都有前中後味的變化，只是有的前味明顯，有的後味持久。

• 草香味還是有，甜味似乎變淡了。
• 感覺澀澀的藍藍的草香。
• 草香變淡，甜味變成像是花蜜的味道。
• 甜香變成明顯的花香。

↑即使是相同的精油品種，年份不同，產地不同，品牌不同，都可能會有不同的氣味，所以在選購時要特別注意。

這個過程可以很細膩但是要很專心，同時間你可以準備兩到三種精油氣味吸嗅，同時比較，你會發現，精油的氣味超乎你的想像，隔天甚至有的精油可以持續一周以上都還能不斷有氣味的變化，這時你可以瞭解為什麼精油香氣是「活的」的說法。

每一種精油幾乎都有前中後味的變化，只是有的前味明顯，有的後味持久，一般像草類果類精油通常前中味明顯，但是後味幾乎就消失了，而像樹脂類精油，你也許會懷疑它到底有沒有前味，但是你會對它的後味驚為天人。

如果你開始對某種精油進行聞香大約半小時，可以準備另外一杯，滴入同樣的精油。你絕對會發現，剛滴的精油香味，和已經揮發半小時後的同樣的精油香味，也有差別！這又是精油香味多變的另一個有趣實驗。

每一種精油的香氣試煉，按照以上的步驟，一次至少要做三天，如果可能，每個月都做一次，我在剛開始練習的時候，我用苦橙葉當作對象，開始我的精油香氣地圖，因為我深深的被苦橙葉吸引，想多瞭解一下。

令我訝異的是，原本我以為我很熟悉的苦橙葉味道，在這種試煉下幾乎有了全新的定義。這種感覺一開始並沒有，我只是好玩的拿幾滴出來慢慢聞香，聞香杯在三天內的變化已經給我相當獨特的經驗，一個月後我同樣的過程再重複一次，這時

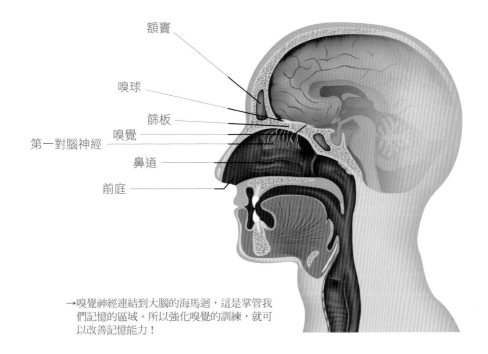

額竇
嗅球
篩板
嗅覺
第一對腦神經
鼻道
前庭

→嗅覺神經連結到大腦的海馬迴，這是掌管我
　們記憶的區域。所以強化嗅覺的訓練，就可
　以改善記憶能力！

我突然發現第二次聞香時的感觸與直覺反應似乎與第一次不太一樣，彷彿我更深的認識了苦橙葉；等到我再過一段時間對苦橙葉再做一次聞香杯時，我彷彿接觸了它的靈魂，深深的感受了苦橙葉那種細緻彷彿用精緻刀具雕刻出的香氣，於是我在我瑜珈的吐納與冥想的過程中，配合我的聞香杯來實施，那次給我的感受是空前的，我能夠相當程度的與苦橙葉的氣味結合，並藉由它在冥想中達到更完美的境地。

直到這一刻，我才敢說，我真正的理解了苦橙葉的氣味，並結合在我的大腦潛意識與記憶層的深處，深刻到，在某些事件呈現在我面前時，我幾乎能自發性的聞到苦橙葉的味道！

其實方法就是這麼簡單，但是效果與反射回來的收穫卻是這麼的可觀，差別在於，你是否能用心的去體會、去感應。

想像氣味是一匹野馬，它會不斷的奔馳，每次你以為你騎上牠了，一個轉彎牠就把你甩下來，但是如果你真的用心去和牠互動，終於會在某個時機下，你成功的馴服牠，駕馭牠。精油香氣也是如此，活的東西沒有死答案，真正的答案或感覺是說不出來的，無法形容的，但是你會知道，你懂了。在你無法清楚的把這種特定精油的氣味在你的大腦中定好位之前，你都應該時時的去接觸它，和香氣說話，你也可以和你幾個好友一起來玩這個香氣練習的遊戲，並彼此交換心得，嘗試不斷的溝通、交流與描述，形容你所聞到的感覺。

嗅覺神經連結到大腦的海馬迴，這是掌管我們記憶的區域。所以日本曾有研究發現，強化嗅覺的訓練，可以改善記憶能力，你就把這個當作玩精油香水的意外收穫吧！

嗅覺是人類遺忘許久的原始本能，唯有經過不斷的磨練，溝通，形容，才能重新搭起嗅覺與大腦認知的神經，你也才能達到聞香、識香的境界。

## 常見的香氣學習過程

我們接觸最常見的香氣學習與認知過程，往往是這樣開始的……

當你聞到一個陌生的氣味，首先你只會從你已知的氣味中去對應。你會說：「這個味道，好像……『媽媽的香水味』、『樟腦丸的味道』、『中藥味』、『原木家具的味道』……」

這些都是你從生活經驗中最有印象的氣味，但是因為你的大腦對氣味實在太陌生了，所以其實你的這些形容，和氣味實際的感受，差別非常大，每個人的說法也會有相當大的出入。

當你更熟悉之後，你會加一些補充詞語，例如：「帶有一點酸味」、「好像有股清香」、「刺刺的味道」，這時你的大腦開始嘗試建立溝通的管道了。

等到你能有更深刻的印象與體會，你會用一段文章，一首詩，一首歌來形容，甚至你可以遨翔於香氣帶來的想像空間，閉上眼睛你會看到顏色，你甚至會浮現原

生植物的影像，這時多蒐集一些這種精油的香草植物原始資料，能有助於你的冥想。

### 香氣地圖的主觀定義

以上這些都是協助你理解香味的定義方式，因為香味本來就是我們最難用語言或文字表達出來的。在你沒有任何基礎下，要你形容什麼是「薰衣草」的香味，你可能只能回答說：「就是薰衣草那種香味啊！」

如果你接觸了十幾種以上的精油之後，你就會開始沮喪了，因為沒有清楚的香味定義，每種精油你只能說「香香的」，再也找不到其他的輔助形容了，那又如何能掌握並駕馭這些香味，成為精油香水高手呢？我們總結以上的幾個切入點，歸納如下：

首先你必須定義出香系，在接觸每一種精油時，嘗試描述它們到底是「哪種香」？

比較成熟的描述法例如：薰衣草。

前味有些微草的清香或是刺香，中味持續這種清香，並且轉化出甜香味來，最後尾味中就是這種甜蜜蜜帶著花香的甜香。

從「香香的」到「哪種香」，你缺少的是「描述用的香系」：

✤ 清香：通常用來形容草類或是輕一點的花類的香味，例如迷迭香。

✤ 幽香：用來形容會轉的，柔性的香味，例如香蜂草。

✤ 濃香：用來形容厚重的，豐富的香味，例如依蘭、安息香。

✤ 辛香：用來形容香料類的，辣辣的香味，例如薑、肉桂。

↑想像是一種訓練的過程，當你可以遨翔於香氣帶來的想像空間，閉上眼睛時你會看到顏色，甚至會浮現原生植物的影像。

✤ 暖香：用來形容聞了會有暖意的香味，例如黑胡椒、天竺葵。

✤ 苦香：用來形容藥草類或是香料類的香味，通常可以中和太膩的甜香，例如丁香、茴香。

✤ 澀香：用來形容怪怪的藥味、草味，一種不滿足的味道，這種味道會吸納別的味道，變成很特別的香味，例如羅勒。

✤ 酸香：果類都會有些酸香味，會給人活力感，例如甜橙、檸檬。

✤ 醇香：一種發酵的偏熟的香味，例如沒藥、茉莉。

✤ 藥香：藥草類或是香料類都會給人藥香感或是土木香系的，例如廣藿香、岩蘭草。

✤ 甜香：這是大眾比較熟悉的也就是甜味，例如安息香、洋甘菊、冬青木也有一些。

✤ 蜜香：比較後味才出現的甜味屬於蜜香，這是它與甜香的區隔，例如乳香、薰衣草的後味都屬於蜜香。

✤ 鮮香：通常草類精油的前味都會出現這種鮮活的香味，例如快樂鼠尾草。

✤ 刺香：香味略感刺鼻、衝、強烈，具有穿透力，通常都是草類精油，例如檸檬香茅。

✤ 涼香：最標準的涼香就是薄荷，但是像尤加利和冬青木、樺木也有點涼香。

以上是列舉常見的香系名詞，在你聞到新的精油時，一邊聞一邊掃視這些香系的名詞，覺得符合的就記錄下來，可以協助你快速的分類並定義你聞到的精油香味。

## 你必須知道的香水常識

香水對於大多數人，特別是女性，應該都不陌生，也幾乎都有使用經驗，但是絕少數人足夠深入去瞭解有關香水的常識，更別提 DIY 了。

在開始進入精油香水 DIY 的魔法殿堂前，以下的問答可以快速的讓你升級，並具備必要的常識，因此在閱讀後面的內容時，才能津津有味。

### 什麼是前味、中味、後味？

幾乎每一款香水在標示香味結構時都會以「前味」、「中味」、「後味」做為基本的區分。

前味就是第一種出現的味道，通常為花草類與果類，果類會最明顯，這類的氣體分子最小最活潑，所以也不持久。對於大腦的神經反應來說，前味就像你「看到」的氣味，活潑的前味會讓你「看到五顏繽紛」，尖銳的前味會「看到枝枝葉葉」，甜美的前味會「看到糖果」……

中味就是反射氣味，大約是聞了一陣後，給大腦的訊號。所以就算同一種成分，不同的人會有不同的中味認知。而中味也與記憶連結有關，也就是你會「認知」它的代表記憶。例如聞到木味會聯想到進入森林，聞到草味會聯想到草原……

什麼是後味？其實就是定香成分，也就是加入氣味最持久的精油，一般推薦以樹脂類的為主，例如安息香、檀香、乳香。

↑學習調香時,你首先必須定義出香系,在接觸精油時,嘗試描述它們是屬於哪一種香?

雖然每一種精油都會有它的前中後味,但是在香水調配的目的上,就要看你想要表現那個層次而使用了。例如你可能在 A 配方中用薰衣草做為前味,但是在 B 配方中用薰衣草做為中味,但是因為薰衣草的後味極淡,想要用它做為後味就是個很吃力的事了。

關於精油的氣味在前中後味的表現,你必須參考前述的方法,個別的花時間去慢慢吸嗅它,瞭解它,才能在調配時有好的層次表現與掌握。

### 什麼是香精？香水？淡香水？

一般將香水分為以下幾類：香精、淡香精、香水、淡香水（古龍水），而如此的分類法，是依據其酒精濃度與香料成分的比率而來。

市售的香水在包裝上都會標示它是哪個等級的，例如 EDT（Eau de Toilette）是香水的縮寫，EDP（Eau de Parfum）是淡香精的縮寫。同一種知名的香水也會同時出好幾種不同等級的成品。如果你只是想留香在一場聚會兩、三小時的等級，可以使用香水或以下的等級就可以，要想留香在半天或一天以上，那就是非得要用淡香精以上的等級才行。

這個比例公式，是基於化學香精的基礎來計算的，如果是植物精油做為香料來源，所有的濃度比例至少倍增，因為植物精油的香味濃度與持久度，本就比化學香

精更淡也更短效些。

### 用什麼濃度的酒精最好？

95% 酒精，或稱無水酒精、藥用酒精是最好。75% 的清潔酒精也是可以，但是因為含有水分（另外 25% 是水分），第一影響揮發的效果，第二會讓調出來的香水有混濁的可能（水分與某些精油混合造成），所以一般都不建議用 75% 的酒精。

### 什麼？用酒做為調香基礎！

香水中所含的酒精，可以是純粹提煉的藥用酒精或精鍊酒精（95% 純度）並與一定比率的水、花水調配而成，也可以是直接採取特定的酒類，如伏特加等。

雖然有些香水師非常排斥用酒來調，但是別忘了，最簡單最容易的香水基底，就是酒，因為酒就是天然醞釀發酵的酒精加水，與植物精油的互容性高，氣味相近，

| 分　類 | 酒精濃度 | 香精濃度 | 差　異 |
|---|---|---|---|
| 香精<br>（Parfum） | 70～85% | 20～30% | 香味濃又持久，價格最貴。 |
| 淡香精<br>（Eau de Parfum） | 80% 以上 | 12～20% | 香味較香精淡一點，價格也較香精低一些。 |
| 香水<br>（Eau de Toilette） | 60～70% | 5～12% | 香味較淡，適合平常使用，價格不會很貴，較為大多數人所使用。 |
| 淡香水或古龍水<br>（Eau de Cologne） | 約50% | 2～5% | 香味很淡且不持久，男性較常使用，女性也有但較少。 |

↑市售酒類如琴酒、伏特加與龍舌蘭都很適合做為基底用來調製精油香水。

對人體無害,還保證是純天然釀造的植物酒精。

市售很多酒類飲料,是採取商業製造過程做出來的,添加了香料或其他非天然植物材料做成,所以並不適合拿來做為調香基礎,唯有傳統工藝的造酒過程,並且沒有任何干擾氣味的非天然雜質才適合。

另一個難度是:要懂得酒性,在下面的推薦名單中,你會發現,我會推薦的調香用酒,也幾乎是常見的「雞尾酒調酒」用酒,因為這類的酒,對於和其他香料的融合會有其獨到的特性與方便,有時烘托、有時凸顯香氣,所以只要你懂得酒性,自然能懂得用它們來調香囉。

❖ Gin 杜松子酒

也就是琴酒,是用杜松子釀的,味道

最清澈乾淨，你可以從著名的「新加坡司令」、「馬丁尼」這些酒都是 Gin based，大致掌握 Gin 的方向。所以 Gin 走的是「清澈」路線，搭配的以清澈的氣味為主，例如你想凸顯薰衣草，就只用薰衣草配上 Gin，最多加點喜馬拉雅雪松做為後味即可。

### ✢ Vodka 伏特加

是以穀類為原料，越冰越貼近原味，我自己都是用冰在冰庫裡一年以上的酒來調，所以收斂但持久，配合木味、脂類系列的都很好。

伏特加能讓調出來的香水，出現一種獨特的氣質，雖然極淡，但是伏特加本身也有它的前味與後味，這使得聞香的人一開始會聞到一種說不出來的植物香氣酒精，而在尾味時又有一絲絲的甜香。如果你不介意，我非常推薦你拿伏特加做為調香水最優先的基礎配方。

購買時，建議以北方國家如加拿大產地的酒為宜，俄羅斯是公認的伏特加最好的產地，市面上也有許多知名的伏特加酒品牌。

### ✢ Tequila 龍舌蘭

是極熱的來源，來自沙漠中的仙人掌，所以口感辣嗆，甚至有點割舌，用來搭配果類、花類，正可以凸顯熱情的一面。

使用前建議先冰在冰箱（最好是冰庫中），越冰越貼近原味，能提供收斂但持久的發揮性，讓你調入的精油也能維持持久而內斂的氣息。

龍舌蘭酒本身為黃色，加上它充滿熱力與冶艷的氣味，拿來調配充滿個性、誘惑、性感、浪漫的香水，最是適合，它可以把精油香氣整個激發起來，達到更好的香氣逼人效果。

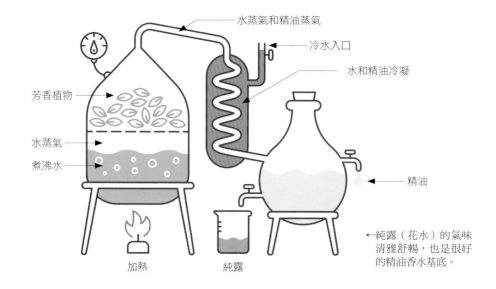

水蒸氣和精油蒸氣

冷水入口

水和精油冷凝

芳香植物

水蒸氣

煮沸水

精油

加熱　　　　　純露

←純露（花水）的氣味清雅舒暢，也是很好的精油香水基底。

其實花水（亦稱晶露、純露）也是很好的香水基底，特別是淡香水。在使用上，將花水與酒精基底以一定的比例調勻，可以增加其清爽性，同時也提供一定的氣味。花水的氣氛通常都較為清雅舒暢，是相當好的前味提供來源。

常用的花水推薦薰衣草花水、玫瑰花水。

### 香水有分成化學合成和天然植物？

其實現在大部分的香水工業，都喜歡採用化學合成的材料，最主要原因就是化學原料穩定，比較好精準的調配出所要表現的氣味，化學合成香料可以提供品質一致，一成不變的氣味，所以化學香水師不必向顧客解釋：「喔，對不起，因為今年普羅旺斯旱災，所以我們的 X 號香水不若去年那麼甜美……。」

雖然化學香水的確有其商業價值，但是，在精油香水師的眼中，那只是食之乏味的人造品，假的人工合成品，那怕它再怎麼幾可亂真，還是假的。

如果你也是屬於對精油的香味極其挑剔與敏感者，你也可以感受到，化學香水與天然植物精油所調出的香水間，存在著相當大的差異：

化學氣味會引起敏感用戶許多過敏現象：你本人，你的朋友，在走入一個「灑滿化學香精」的地方，如廁所、電梯……會不會對那種刺鼻的氣味感受強烈？頭昏頭痛等不適的徵象，就是你的身體在抗議：

「不要給我這種欺騙的氣味！」甚至某些品味低俗的女性喜歡用一些強烈到幾近噁心的所謂「成熟」香水，走過許久空氣中還瀰漫著那種詭異的氣味。

植物精油在包裝上也比不上化學香精的靈活，這使得香水大廠更是猶豫不想用精油。因為精油的顏色是固定的，大部分是各種層次的黃色，而市售的香水，搭配漂亮透明的玻璃瓶身，香水顏色或為金黃、或為綠色、紫色、粉紅色……都相當勾引消費欲望，但是抱歉了，這些都不可能用精油來當做配方，顏色太難掌握了。

調配得宜的精油香水才能表現出層次：調香時講究的層次，也就是前味、中味、後味、定香等，其根源是建立在天然植物精油本身就有的豐富微量物質所展現的層次感，才會讓其氣味錯綜複雜的和在一起，並隨著時間的變化，靈活的演奏一曲自然的頌歌。

精油香水是「香草植物生命力的再次展現」。唯有如此，才能將最真實的自然能量投射在你的四周，古代祭司所深信的能量氣場也才能再次的庇護。

### 香水要擦在哪裡？

香水到底擦在哪裡呢？大部分的人應該都覺得是手腕內側或耳後，但其實還有很多地方是你料想不到的地方。

#### ✤ 大眾化的擦法──手腕內側

香水店裡可以看到，很多女孩子都是這麼試香水味道的。噴在手腕上的香水會

↑香水到底擦在哪裡呢？其實擦在手腕內側、耳後、頸部或鎖骨，甚至噴在上方空氣中都可以。

揮發得比較好。再加上手的活動範圍比較廣泛，除了自己聞到以外別人也都可以聞到。

❖ 性感的擦法──耳後、頸部或胸上

　　噴耳後或頸部的方法最適合長頭髮的女生，因為噴在耳後頭髮上也一定會沾染

不少的香味，這樣一扭頭香味就會幽幽地傳出來，身邊的人就很容易聞到，會感覺相當有女人味。同時耳後、頸部也是女性的敏感帶以及親密接觸時的重要部位，要想再性感一點就噴一些在胸前或 Bra 上。這兩種方法都適合與人有親密接觸的時候用。

✤ 社交禮儀的擦法——

### 鎖骨位置的衣物上或大腿內側

鑒於香水的揮發與體溫有很大關係，所以噴在衣物上一是可以保證香水正常揮發，二也可以留香持久。如果是要參加晚宴，噴在衣物上會影響食物的香味，這時就建議噴在大腿內側（著裙時），這樣的噴法會讓走路的時候也香風不斷。

✤ 自然的擦法——噴在上方空氣裡

這一方法適用於味道比較濃郁的香水。在換衣服的時候往頭頂上方噴幾噴，當香霧慢慢下落的時候，進行換衣服的動作，這樣全身上下就都會有淡淡的香味。

當然，如果心情好不妨可以在香霧裡跳個舞，幫助香味均勻散落在身上。

用香水時請距離 20 公分左右噴灑，讓香水以噴霧狀附著在身上；如果噴的距離太近，味道會因太濃郁而顯得刺鼻喔！

其實，擦香水最有名的說法，來自一位歐洲貴婦，當她在教導一個新加入社交圈的名門仕女時，小姑娘很擔心的問：「香水該擦在哪裡呢？」

「親愛的，擦在任何你想讓男人親吻的地方。」貴婦如是說。

## 為什麼同樣的香水居然有不同的香氣？

香味本身存在主觀性，加上每個人對香味的感受能力有差別，以及一般人對香味的詞彙訓練不夠，所以對香氣的反應就有極大的差異。調配香水的目的，當然是先討好自己，並盡可能的討好別人，因此同一個香味對於不同人會有不同的感受，在設計配方時也要盡可能的考慮這個因素。

### 香味差別的確因人而異

為什麼朋友身上散發出的香味這麼棒，而同樣的香水用在自己身上，卻沒有類似的香味感受？

首先探討香味影響嗅覺的原理。

當香味分子碰撞鼻子裡的嗅覺受器時，約在千分之一秒的時間內就可以把訊息傳送到腦部的海馬迴，這是負責嗅覺的區域，由它決定這種香味的感受，是愉快還是厭惡。

海馬迴判斷香味的得分時，有很多參考項目，例如過去對這種氣味的記憶，是好的還是不愉快的，在諸多項目中，皮膚的結構也扮演了決定性的角色。

每個人的皮膚都不一樣，皮膚有完全屬於自己的獨特氣味。因此，雖然很棒的新香水噴在朋友身上，散發出多麼芳香迷人的香味，但是當香水噴在自己的皮膚上時，卻引起嗅神經不好的感覺，或者只感到單調乏味。

香氣會因人而異，因為不同的人有不同的膚質、吸收度、皮膚酸鹼性，反射出來的香味也不同。

### 香妃的體香是真的

野史中最為人津津樂道的八卦之一，就是乾隆皇帝最寵愛的香妃，身上有股獨特的體香。當然，一般的解釋是其實這是中亞地區的人常吃的香料吃多了，身上自然有股「味道」，偏偏乾隆就喜歡這種味道。但是如果我們用科學的解釋還有更深一層的可能。

因為皮膚本身就有酸鹼值的差異，當然也包含飲食習慣的差異，再加上汗水的差異。自然流出的汗水是無味的，是經過皮膚上的細菌才使它變得「有味道」。不同的體質與酸鹼值也會在身上產生適應的細菌，因此你的汗水也會有不同的味道，幸運的話，「香汗淋漓」不只是誇張的形容詞，而是真有其事。

這也解釋了如生理期或懷孕期間，因為荷爾蒙的改變，而創造了另一種皮膚環境，皮膚發出的味道便產生了變化，你的體味也會改變。

### 少女的體香也是真的

日本藥廠樂敦製藥株式會社（ロート製藥株式会社）在 2018 年底召開的第三屆「日本抗衰老協會論壇」年會上，發表一份《女性隨著年齡體味改變》的研究報告。

他們發現少女真的有體香！不同地區

↑皮膚的膚質會對香水造成影響。例如，在油性皮膚上香味較持久，而且皮膚分泌的皮脂會分解香味分子，所以香味聞起來會完全不同。

的女性，體味也不盡相同，像是德國女性會有木質香、美國女性會散發藻香，日本女性則是桃子和椰香味。

少女體香在十多歲的時候最明顯，而在三十歲開始消失，到了三十五歲以後基本上不存在。

聰明的你，是不是想要趕快配一瓶有桃香的精油呢？

雖說這也算是「日本癡漢」的重要研究心得，但是在我們研究香水對不同人的不同效果上，也得到引證的價值。

### 膚質也有差別影響

皮膚的膚質也會對香水造成影響。例

如，在油性皮膚上香味較持久，而且皮膚
分泌的皮脂會分解香味分子。如此一來，
香味聞起來會完全不同，也會對原本的香
味特色發生作用。

香水也會對散發香味的身體保養品產
生敏感的反應，因為這些保養品也可能改
變皮膚上的香味產生，所以擦香水不應該
同時使用含有香味的保養品。

另外就是飲食習慣了，例如吃了大蒜
洋蔥的人，周遭的人也會聞到了大蒜洋蔥
味。這些氣味會混合皮膚上的香水產生作
用。

### 季節對香味也有差別影響

為什麼要把香水沾在手腕脈搏或是溫
熱的皮膚上？因為在體溫較高的皮膚上，
香水揮發得更快，效果更強。

因此同一款香水配方在夏季用和在冬
天用，給人的感覺也會不同。

### 香妃是怎麼煉成的？

注意你的飲食，不要吃會引人反感的
重口味食物。

保養你的膚質，使其營養飽滿，不再
乾澀，因為乾澀的膚質也會搶食你用的精
油香水，影響香氛效果。

年輕就是本錢，就算你不再年輕，你
至少比少女更有「本錢」。沒辦法自然的
散發桃子氣息，你還有葡萄柚、檸檬、玫
瑰、薰衣草⋯⋯這些精油做你的後盾。

## 使用香水的藝術與技巧

### 把香水當作一件隱形的外衣

因為穿衣服要看季節，看場所，用香
水也是。

正式的場合要用大方典雅的香味，休
閒的場合要有活潑而健康的氣息，夏季能
散發出爽朗而輕鬆的感覺⋯⋯在許多人的
使用中，都是一瓶香水闖天下，怎麼用都
是那一瓶，那一種香味，未免有些不識相
了，這就像你只有一件衣服，到哪裡都穿
這件一樣的不識時務。

### 把香水當作隨身的樂曲

你想表達出什麼樣的氣質？說出什麼
樣的話？

同樣是與異性朋友的約會，是一個老
朋友老同事，還是一個心儀許久苦無表達
機會的白馬王子？

同樣是去公司，是面對一個重要的面
試機會還是做一場業務說明？相信聰明的
你應該知道，你的香水會是你隨身攜帶的
樂隊、唱詩班、司儀，對適當的對象做出
適當的表達，必定只有加分效果吧！

學學拿破崙的情婦約瑟芬吧！大膽的
承認香水就是你的體香，不過還是要保持
洗澡的好習慣！

### 精油香水有保存的問題嗎？

嚴格說來，香水並無保存的問題，最

多就是你沒有蓋好，讓酒精揮發掉了。

除非是本身就有問題的香水，香水不可能變臭，但是可能變淡，而如果是精油香水，你放心，精油香水越放會越香，因為精油的精華更能充分的融合與釋放出來。

也正因為如此，雖然香水並無保存的問題，但是如果你小心的保存，你更可以延長一瓶好的香水的使用，置於室溫與陰暗避光處是精油與精油香水共同要注意的。

### 聞香會不會疲乏？

嗅覺當然會疲乏，所以有技巧的香水使用，就要讓香味一陣一陣的傳達，而不是濃郁密集的襲擊你身邊的朋友。

那種若有若無，冷不防還會偷襲的香氣最是誘人。

除了使用時要注意過猶不及的藝術，在調香聞香時也要注意，一口氣玩了太多的精油，也會使你喪失對精油香氣的直覺，建議的對策就是，短時間內不要聞超過四種的精油香氣，或是在接觸了足夠多的種類，感覺自己的嗅覺靈敏度喪失時，可以準備一個純羊毛的紡織品如圍巾，吸嗅並淨化你的嗅覺。

我個人常用的另一種方法是準備一些研磨咖啡的咖啡渣，那也有很好的除味能力，總之就是，要讓自己的鼻子恢復成原先對味道的感受後，才能繼續聞香。

↑不只用香水來表達精油的香氣，做成香膏也是一種方法。將精油的配方調好後，調入基底油及溶解的蜜蠟，冷了之後就變成自己專屬的香膏了。

↑有技巧的使用香水，是要讓香味一陣一陣的傳達，而不是濃郁密集的襲擊你身邊的朋友。

### 除了香水還有其他的香劑嗎？

其實有很多方法來表達香氣，不只是香水。

例如，你可以製作香膏，那是在精油的配方調好後，調入基底油及溶解的蜜蠟，這樣在冷了之後就會形成膏狀物，用於塗抹在身體各部位。由於香膏的特性，香氣密封在膏中慢慢的釋放出來，所以更持久，講究一點的香膏配方還可以當作護膚膏或是護唇膏呢！

另外也可以調在沐浴乳或是沐浴鹽中，做為泡澡，當溫熱的水接觸你的肌膚時，香氣也能自然的擴散入你的毛孔，因此芳香浴帶給你的不只是那十幾分鐘的享受，同時也是最自然的體香散發。

將這種創意發揮得更淋漓盡致，你可以使用一些無香精的乳霜保養品、洗髮精等，調入精油配方，一方面享受那獨特的天然植物香氣，一方面這些精油本身也各有不錯的身心理保養功效，如此得到更多的實質樂趣與享受。

# Chapter2

 # 香氛魔法 DIY

＊ ＊ ＊

精油香水調配必須建立在你個人的實驗中，說穿了就是勤買必中，多做就會。好的精油香水配方必須要有豐富的經驗，豐富的經驗來自大量的實驗，所以切忌光看不練。

本章要讓你做到兩件事，第一你要做成功一瓶精油香水，產生莫名的信心與興趣與成就感，這樣後面的內容對你更有感受也更實用。

**本書的目標就是要讓你一路看下去也一路玩香。**

第二就是要告訴你，把香水配方升級為香氛，更多的應用在你的生活上每一個細節，精油香水的玩家最得意的就是能玩出各種更多元的應用，讓香水不只是香水，讓香氛成為生活的一部分。

## 一定成功的香水配方

什麼是成功的香水配方？當然是受歡迎的香味。

其實這一點也不難，只不過所有的初學者都怕調出不好聞的香味，或者說，你不相信你能調出受歡迎的香味。因為大家一直都有個想法：

調香水一定是個非常專業、非常難的學問。那我們先來研究一下，什麼是失敗的香水？

### ——— 什麼是失敗的香水？ ———

香味不受喜歡。

香味令人厭煩甚至作嘔。

香味給人廉價的感覺，像是廁所的芳香劑。

以上這些特徵，其實都是化學香精才會有的。

原因很簡單，對於敏感的人來說，聞到化學香精的香味，身體自然會產生排斥感，輕則覺得頭暈；重則想要嘔吐。特別是廉價芳香劑所用的香精配方，都是用最

簡單合成但是原料品質也最差的，這種假假的香味會讓大腦有受騙的感覺，不但排斥甚至鄙視，這當然是失敗的香水。

用精油做配方原料會有這種情形嗎？

當然不會。

因為只要是植物精油，都是植物經過光合作用，慢慢地、自然地合成，試想，檸檬精油就是從檸檬皮壓榨所得的香味，當然是和化學合成的檸檬香精完全不同，這就像你是吃一顆真的蘋果，還是吃一個蠟做的假蘋果一樣，雖然看起來都一樣，但是一個能吃，另一個只能看。

照這麼說，用精油配香水不太可能失敗囉？那是當然！不過還是有些訣竅要注意，首先第一個訣竅就是：選你喜愛的香味最重要，因為這才是代表你的香味。

### 調一瓶你喜愛的香水

在後面的內容中我們當然會詳細解說各種香系的特色，現在只是先從你手邊現有的精油先動手 DIY。

你必須先有一些精油，可以從以下這些類別開始：

找一個玻璃瓶，容量在 10ml 以上，最好有噴頭或是滴頭方便使用。你可以用舊的保養品瓶罐，或是舊的香水瓶，洗乾淨讓裡面沒有味道，然後……

### 如果我沒這麼多種精油怎麼辦？

以上雖然算是相當簡單的配方，大概用四、五種精油來調配，但是很多人其實

一開始沒有這麼多種精油，可能只有一、兩種，那怎麼辦？

哪怕是你只有一瓶薰衣草都可以調。

一半薰衣草，一半酒精，搖晃一下，也是一瓶香水。

當然香味或許單調一點，也沒有講究前中後味的變化，但是：

† 每一種精油自身都有前中後味的差別，只是變化沒有複方這麼明顯而已。

† 薰衣草控就愛薰衣草香味，單調一瓶薰衣草香水也是可以。

† 酒精對精油有催熟及揮發兩大功能，「催熟」指的是酒精也就是乙醇會和精油的醇類酯類這些成分作用，把精油香味催得甜美一點，而「揮發」指的是酒精有更好的揮發性，因此能把精油的香味更容易擴散在空間中，所以光是把精油用酒精稀釋，就會比單獨聞精油得到更好的香氛效果。

### 為什麼要放置一小時以上？

如果你急著想要聞這款剛調出來的香水，立刻使用，你會發現噴出來的香味是兩截：先聞到很濃的酒精揮發的嗆味，然後才是配方精油的香味。

這是因為精油和酒精還沒有很好的溶解在一起，所以噴出來也是變成兩段，酒精無法帶著精油一起出來。

唯有放置一段時間之後，酒精和精油已經充分的溶解在一起了，那時酒精的揮發性能把精油的香味完整的帶出來，香味

配方第1號

## 隨心所欲

❶ 果類精油，如檸檬、葡萄柚、甜橙、苦橙葉中選一種你有的或你喜歡的，滴入 1ml（約 20 滴或一滴管）。

❷ 草類精油，如薄荷、香蜂草、迷迭香、馬鞭草中選一種你有的或你喜歡的，滴入 1ml（約 20 滴或一滴管）。

❸ 花類精油，如天竺葵、洋甘菊、薰衣草、依蘭、橙花、茉莉、玫瑰中選一種你有的或你喜歡的，滴入 1ml（約 20 滴或一滴管）。

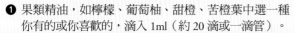

> 草類或花類都可以互相取代，例如你可以滴入兩種花類或是兩種草類。

❹ 然後是木類精油，如雪松、絲柏、松針、冷杉、花梨木中選一種你有的或你喜歡的，滴入 1ml（約 20 滴或一滴管）。

❺ 最後是定香類或樹脂香料類，如岩蘭草、廣藿香、乳香、沒藥、安息香中選一種你有的或你喜歡的，滴入 1ml（約 20 滴或一滴管）。

　　以上共約 5ml 精油，再加入 5ml 酒精，搖晃一下，放置 1 小時以上，讓它充分溶解並把香味釋放出來，這時你就調配出一瓶絕對滿意的香水了。

得到完整的釋放。至少要放一小時，最好能放置 24 小時，你會發現，放置時間越長精油香水的香味越出得來。

### 為什麼會是你絕對滿意的精油香水？

因為所有的精油都是你喜歡的氣味。

當幾種你喜歡的精油香味混在一起，香味會改變嗎？其實這就是複方精油，每種單方精油的香味都會保留，而不穩定的成分會互相結合變成穩定狀態，所以複方精油永遠比單一的各自精油豐富而有層次。

因為我們刻意藉由果香、草香、花香、木香、定香這樣的順序，讓香氣不打架，並且各有特色的表現出來。

↑精油香水是可以調整香味的。第一次的配方隨著你的使用，你會發現同樣這瓶精油香水還會越來越香，越來越柔。

香氣只要不打架，每一個領域只選一種，就能展現出立體的層次。

以上建議的精油名單也是選擇過的，已經把不容易控制的香味精油排除在外了，例如，快樂鼠尾草也可以調配精油香水，但是要在懂得駕馭它的調香師的使用下，所以才不在建議名單中。

### 精油香水還可以調整香味

有時候你想像中不錯的配方，結果調出來不如你的想像，這也是有可能的。

有時候你只是想再做香味變化。

總之，精油香水是可以調整香味的。

第一次的配方隨著你的使用，你會發現同樣這瓶精油香水還會越來越香，越來越柔。隨著消耗，你還可以補充精油或酒精。例如，你很喜歡葡萄柚，那就可以再補充 1ml 的葡萄柚精油進去，讓葡萄柚精油更明顯一些。

如果你覺得香味太濃，可以補充酒精進去稀釋。

酒精最好用 95% 酒精，這樣比較精準，你也可以用：龍舌蘭酒、蘭姆酒、琴酒這些當作酒精加入，因為這些酒本身就是非常好的調酒基礎，所以當作精油香水基礎，也很適合。

就這樣，香味不夠了補充精油，覺得太濃太香了補充酒精，這瓶香水可以一直變化下去，永遠留個底做為定香的保留，也永遠可以嘗試新的配方變化。

這就是你第一瓶個人調配香水。

## 全家人都能享受的居家生活香水

### 香水難道只能個人用？

其實香水也可以應用在居家生活中，並且有更貼切生活實用的配方，把香水的定義更廣一些，例如：

† 新家裝修後有一股濃濃的辛辣味，那是上漆或是膠水的揮發劑味道，主要是一種有毒物質甲醛，如果能除味就好了。

† 希望衣物有香香的味道？衣櫃抽屜打開有股清香？

† 回家一進門能有家的溫暖與家的香味？

† 多雨潮濕的日子，總是有股霉味？家裡的鞋櫃一定有種臭膠味？

生活香水就是提供居家生活中意外的驚喜與香氛，既然你能調配個人專屬的香水，當然也可以為家人調配全家人適用的香氛香水。

### 第二瓶香水就調給家人吧！

常用於居家的香氛精油整理如下：

| 目的 | 推薦香氣 |
|---|---|
| 抗菌 | 尤加利、茶樹、廣藿香、迷迭香、檸檬 |
| 臥房香氣 | 薰衣草、橙花、洋甘菊、玫瑰、依蘭 |
| 改善空氣品質 | 茶樹、薄荷、迷迭香、尤加利、薰衣草 |
| 驅蟲驅蚊 | 檸檬香茅、香茅、玫瑰天竺葵、薰衣草、薄荷 |

以上都是常用、便宜的精油，從你手邊有的以及添購必要的，每種等比例加入，三種以上不超過五種，就調好了。放置一天後就可以拿來到處噴。

### 都是大鍋炒的配方這麼沒講究啊！

看到這裡你一定懷疑，怎麼配香水這麼簡單，這麼沒有學問啊？

學問都在後面，我只是不想嚇著你，玩香水本來就是愉快且享受的事，所以我們先拋開那些學問，玩一會兒享受享受，這樣才有動力與好奇心來探索這些「學問知識」。

### 有那些「講究」的精油香水調配問題？

精油之間有相剋或禁忌的講究嗎？

在精油香味上並沒有相剋、相抵消、相排斥的說法。

如果把精油香味想成顏料，顏料與顏料之間會有禁忌嗎？就連黑色和白色都可以調在一起，甚至不同的黑白比例還能調出不同程度的灰階效果呢！

在調香這個角度來看，所有的精油都可以是你的調配選角，盡情揮灑出不同的配方，不用顧慮。

精油調配時有先後順序的講究嗎？

不需要。認真說起來，加入精油的先後順序會影響這些精油彼此之間交互作用，但是這不是激烈的化學反應，所以你是先放入薰衣草還是先放入迷迭香，影響甚微，可以忽略。

配方第 2 號

# 香氛生活

　　這瓶我們稱為香氛生活香水，你可以用精緻的玻璃香水瓶，或是直接購買耐酸鹼的塑膠瓶噴頭，一般 75% 清潔酒精瓶（500ml）加買一個噴頭也不錯。

　　如果是 500ml 瓶，精油約 50 ～ 100ml，如果是 100ml 瓶，精油約 10 ～ 20ml，也就是 10 ～ 20% 的比例，依此類推。

1

準備好所有的材料與工具：3 種精油（如尤加利、薰衣草、薄荷）、75% 酒精或香水酒精、噴瓶。

2

將 3 種精油分別倒入噴瓶中。

3

接著倒入酒精。

4

放置 1 小時以上即可使用。

↑在調香這個角度來看，所有的精油都可以是你的調配選角，盡情揮灑出不同的配方，不用顧慮。

精油調配好之後，能搖晃讓它快一點混合均勻嗎？

可以搖晃，至於用什麼力道或姿勢搖晃，自行發揮。

會提出這個問題，是因為在有一次精油香水 DIY 的現場實作課程中，學員 A 調好後，急著想聞是什麼香味，於是把香水瓶用力搖了兩下，立刻被學員 B 制止了。

學員 B 說：不可以這樣，要用雙手掌心溫柔的握住，慢慢地搓揉。

其實不必這麼矯情！當然啦，如果你要做個有氣質的香水師，也是可以優雅柔和小心的用雙手掌心溫柔的握住，慢慢地搓揉，但是也是要等一小時之後，香味才會飽和。

## 實用好分享的香氛護唇膏＆香膏

### 自己做的香膏有什麼不一樣？

市面上有許多護唇膏，為什麼還要自己做？當然是因為成分不同。

為求穩定，絕大多數的護唇膏或香膏，都是用石化原料做的。以最常用的某護士護唇膏為例，它標示的成分有：

† Mineral Oil：礦物油

† Ozokerite wax：石蠟

† Dimethicone：矽靈

當然還有其他香精或穩定成分。長期以來，我們都認為護唇膏應該是無毒無害，甚至可以吃的，因為擦在嘴唇上，你總免不了吃點下肚，現在當你認真研究它的英文到底是什麼意思時，可能要三思了。

自己做當然可以採用全植物成分。不過要注意，全植物成分又不加防腐劑就會很容易變質，所以保存期限最多一年，做出來的最佳使用期限約在半年內，且要妥善保管，不得常開蓋或放置日曬高溫下。

### 香膏材料簡介

香膏的材料主要有三種：一倍的精油配方，三倍的基底油，一倍的蜂蠟。例如20g 的精油，60g 的基底油，20g 的蜂蠟。

1. 精油配方：你可以用功能性或是香味來考量，一般常用的有：

   † 薰衣草：滋潤性／花香味。

   † 薄荷：清涼感／止癢性。

† 茶樹：殺菌性。

† 安息香：撫慰性／滋潤性。

† 洋甘菊：抗敏性／花香味。

† 玫瑰：保養性／花香味。

幾乎所有的精油都可以考慮，只要總數是前述的一倍比例原則就可。

2. 基底油：做為主要的成分，基底油是滋潤的來源，你可以只用一種也可以用數種基底油，從葡萄籽油、荷荷巴油、玫瑰果油、椰子油……全都可以。

3. 蜂蠟指的是蜂巢的成分，蜂蠟是蜜蜂吐出築巢用，主要是植物有機蠟質，到底是什麼成分你可能要去問蜜蜂才清楚，但是保證不是石化原料。

原始的蜂蠟是淺黃到深黃色，堅硬且呈節塊狀。那是因為養蜂人蒐集蜂蠟時，為了方便攜帶都會把它融化處理為塊狀減少體積。

↑蜂蠟是製作精油香膏的主要成分。

因為蜂蠟也是某些化妝保養品的原料，所以在某些天然原料供應商也會買得到蜂蠟，大多是處理過的，例如脫色變成非常淡的黃色甚至白色，這是讓它好用不會影響保養品的成色，也有的會做成一滴一滴的顆粒，以便加熱加工處理。

只要確定來源是蜂蠟不是工業石蠟，以上這些你都可以考慮使用。

### 蜂蠟有三個主要功用

#### ✤ 控制香膏的硬度

精油、基底油、蜂蠟都是不同的揮發度與硬度，這三種以 1：3：1 的標準比例是提供固定的硬度，但是可以用蜂蠟來調整。既然是 DIY，你當然可以調整最適合的硬度，例如在夏天不希望香膏太軟，到了冬天不希望太硬，就可以個別的調整蜂蠟的比例，1：3：1 中，蜂蠟酌加一點例如到了 1.2 倍，就是夏天稍硬版，而改成 0.8 倍就是冬天的稍軟版。軟硬度隨人喜愛調整，這也是 DIY 的樂趣。

#### ✤ 鎖住香味做為緩釋劑

如果只有精油，很容易就揮發掉，加了基底油，揮發速度就會慢些，如果有蜂蠟，可以鎖住香味更慢釋放出來，所以你不只可以做護唇膏，也可以做成香膏。

香膏可以塗抹在皮膚上，因為有了蜂蠟與基底油的穩定性質，精油的刺激性大大降低，香味也得到延長。香膏也可以填充在鏤空項鍊中，這也是最近非常流行的香氛項鍊。

## 香膏 DIY

工　具

1. 燒杯或量杯或可用的玻璃杯 1 個（容量超過 200ml 即可）。
2. 可量到 1g 以下單位的電子秤。
3. 調棒（玻璃棒或木棒，例如不用的筷子）。
4. 分裝香膏的小罐容器（必須耐熱，例如小鋁罐，不可用塑膠或任何不耐熱材質）。
5. 隔水加熱的鍋子（外鍋）。
6. 電磁爐或瓦斯爐都可，可加熱的來源。

材　料
精油 3 種（薰衣草、茶樹、薄荷）共 10g
基底油（甜杏仁、向日葵或其他）30g、蜂蠟 10g

操作順序

1 | 準備好材料與工具。

2 | 將蜂蠟放入燒杯中，再加入基底油。

3 | 外鍋加水，直到溫熱，注意保持溫熱但不要變成滾水就好，然後放入燒杯（步驟 2）隔水加熱。

4 | 輕輕攪拌，讓蜂蠟慢慢煮至完全溶解為止，關火，加入精油。

5 | 將精油攪拌均勻後，趁熱倒入各容器中分裝好。

6 | 等到冷的時候，自然會凝固呈膏狀。

### ❖ 更好的滋潤撫慰性

當然我們用蜂蠟也是為了它有更好的撫慰性。古代還沒發明OK繃或3M傷口專用透氣貼時，他們會用蜂蠟做為傷口的包紮與固定，畢竟蜂蠟有非常棒的滋潤與親膚性，不會過敏。我們用護唇膏也是希望滋潤成分停留久一點與護膚性強一點。

### 比蜂蠟還珍貴的花蠟

除了用蜂蠟，花蠟是另一種選擇，當然它更珍貴更難獲得。

花蠟是指用酯吸法取精油時剩下的蠟狀半固體物質，目前玫瑰花與茉莉花，還有少數特殊的花朵還是用酯吸法取精油，當所有的玫瑰花朵與油脂調混後，會用酒精把最精純的精油萃取出來，請自行腦補電影《香水》中的相關畫面，而剩下那一堆還是非常香的花朵與油膏的殘留物，就是花蠟。

花蠟又稱為凝香體，主要成分是花朵上的蠟質、花粉與其他無法揮發的物質，所以如果你能得到花蠟，這也是非常棒的香膏材料。

↑精油有很高的心靈能量，只要感受過的人都能體會這句話的意義。

## 招財改運避小人的能量香包

### 精油有能量

精油有很高的心靈能量，只有感受過的人能體會這句話的意義。走出負能量，增加正能量，改善自己的心靈、心理、情緒，甚至微調自己的性格，修正自己的缺陷，例如沮喪、憂鬱、低潮、消極、悲觀、這些都是負面性格，唯有藉由精油的氣味暗示及能量引導，才能朝向樂觀積極，快樂陽光的趨勢發展。

負能量與負面性格也會直接導致心理的不健康不健全，或是人格上的缺陷，這是一種心理病態。因此也許你健忘、也許你懦弱、也許你人緣差、也許你不如意……你會歸納這些負面影響叫做「倒楣」。但是，你有沒有想過，也許你能改善這些，在你的人格基礎中，增加些心靈能量，藉由精油的幫助，拉升自己。

### 你需要那些精油能量來開運？

利用精油來增加你的個人魅力，或增加你的工作效率，讓你在職場上無往不利，也能給自己正面的能量充充電，趕走不好的負面能量，給自己更健康的身心。

❖ 各行各業增進財運及事業運的精油配方

† 適合外地發展：欖香脂、松針、絲柏、冷杉、岩蘭草、雪松。

† 適合從事金融、外貿業：甜橙、葡萄柚、檸檬、玫瑰。

† 適合從事電子業、科技業：薰衣草、迷迭香、羅勒。

† 適合從事餐飲、食品、旅遊業者：百里香、茴香、羅勒、依蘭、茉莉。

† 適合從事美容業：玫瑰天竺葵、花梨木、橙花。

† 適合專業人士，如會計師、律師、醫師及文字工作者：迷迭香、茶樹、扁柏、乳香、佛手柑、苦橙葉。

† 百業皆適合，招正財招偏財皆宜的精油只有一種，就是洋甘菊。

✤ **增進你的貴人運及人際關係**

† 檀香、乳香、岩蘭草、茉莉精油。

以上這幾種都是貴氣逼人，磁場極強，普遍被認為是精油中最開運／改善生命磁場的。

✤ **增進你的桃花異性緣的精油配方**

† 男：檀香、雪松、冷杉。

† 女：茉莉、玫瑰、橙花、依蘭、花梨木。

此類精油對於異性的磁場特別有相吸效應，可以在體內影響男女的眼神接觸所分泌的多巴胺之類的化學物質，可以增加你的異性魅力。

✤ **增進親子和諧／家庭和樂的精油**

† 佛手柑、苦橙葉、甜橙、芳樟葉、欖香脂。
此類精油很適合用於幼童，可以緩和孩童的焦躁情緒。

✤ **增進整體的健康運的精油**

† 薰衣草、松針、杜松莓、雪松、絲柏、茶樹、迷迭香、羅勒 、檸檬。此類精油有助於身體免疫力的提升，也可在自身的周遭形成一個屏障，提升身體的正面能量。

## 能量香包是什麼？

精油調香帶來的不只是香氛香氣，也保留了植物精華，用酒精稀釋噴灑香味是一種用法，把精油帶在身上是另一種用法。

你可以用能量香包的方式，也可以用香氛項鍊的方式，讓植物香氣與能量保留。

如果你是用香氛項鍊，當然可以把精油直接滴在裡面，或是用前面的做法做成香膏裝在香氛項鍊的中間空洞處。

你也可以自製香包，把精油滴進去或是把香膏填充進去。

所謂香包，對了！就是傳統端午節每個人會配在身上的香囊，也可以自己做個小袋，貼在胸口。

廣義的說，香包就是隨身的香氛飾物，能保留精油，發出香味。講究的人可以用乾艾草粉或是綠茶粉包起來，隨身攜帶，我最常用也最方便的，就是直接把喝剩下來的茶包曬乾，等其原來的味道散去，把吊牌和吊線剪掉，並把其中一面用上雙面膠貼好即成。

使用的時候，滴入需要的精油，貼在內衣外側的胸口位置，這就是最好用的隨身能量香包了。

能量香包能提供你隨身的精油能量，特別是如果你要進出醫院，或是某些你覺得「不乾淨」或是「負能量」的地方，都可以當作求心安的護身符使用。

↑自製香囊（香袋或香包）、精油煉、擴香石與天然松果都是很好的擴香用品。

## 香氛機與擴香儀

精油香水配方更廣泛的應用，還可以用在香氛空間的佈置中，只要搭配一台合適的香氛機或擴香儀，你的香氛氣場就有更強大的影響範圍。

精油香氛機能提供最好的室內氛圍，把植物精油的精華與香味直接專送到你身邊，所以講究生活情趣與居家健康的人都會考慮添購一台精油香氛機，且所有精油香水的配方都可以應用在香氛機或擴香儀中。

市面上的香氛機非常多種，你逛百貨公司專櫃也會看到各種各樣的香氛機、擴香儀，該如何挑選？特別是光是精油香氛機就有好幾種擴香原理、價格差異，選擇一台「適合你」的香氛機擴香，該考慮哪些條件？

### 有哪些香氛機？

所謂「香氛機」，是指「滴入植物精油，把精油的香味擴散出來的機器」，哪些不是香氛機？同樣叫做香氛機又有很多種，如何區分？

哪些香氛機不考慮？

† 加熱的不考慮。因為加熱不但容易破壞精油成分，同時也不持久，因為長期加熱會讓精油變質。

† 不是用精油的不考慮。因為外面很多叫做（精油／香精／香精油）的名稱已經混淆，很多實際上用的是化學香精，而不是植物精油，化學香精不但沒有任何植物精華，還有大量的對人體有害成分，當然不能考慮。

† 不插電的不考慮。不插電不是不好，而是既然叫做「機」了，我們主要鎖定用電的方式，以免範圍太廣泛。

### 精油水氧機

原理：加水約 200ml，配上 10 滴左右的精油配方，或 20 滴的精油香水，然後用超音波震盪片震盪，變成含有精油的水霧擴香出來。

這是市面上最常見的擴香香氛機，因為造型漂亮，通常會有夜光功能，做為市內擺設很好。同時價格合理，約在 1,000 元上下，還有就是，精油擴香很省，因為已經用水稀釋了，所以開兩、三小時都會有香氛。

↑精油水氧機。

精油香水可否用在精油水氧機中？

當然可以，且效果更好。因為精油香水是精油加上酒精，酒精是很棒的溶劑，溶於水也溶解精油，所以如果你把精油香水加到水氧機中，它會讓精油更好的溶解在水中，霧化出來的水霧香味更棒。

精油水氧機的優點也是缺點，因為用水稀釋了所以很省精油，但也因為用水擴香出來所以多少會增加些濕氣。如果你在空調環境使用最好，因為冷氣一開本來就會比較乾燥，用水氧機增加點濕度更棒，但是如果是潮濕不通風的環境，就容易更潮啦！

## 精油擴香儀

原理：一次約用精油10滴純精油配方，單純霧化精油擴香出來，也就是原汁原味的精油擴香。

這是玩家級的香氛擴香機，講究純精油，精油沒有稀釋沒有變質，還原在你的居家環境中，因為用的是純精油，所以擴香儀的材料非常講究，唯一選擇就是玻璃，因此擴香儀的軸心都是玻璃師傅的手工，擴香儀當然比較貴些。近來另一種改良版是用鐵弗龍，這是另一種不怕酸鹼的材料。

擴香儀屬於玩家級的香氛機，如果你用擴香儀，一開始也許比較消耗精油，但是只要環境中長期使用累積下來，整個空間都有最棒的香氛，甚至還更省油。

精油香水可否用在擴香儀中？

可以，但要注意。因為精油香水是用

↑精油擴香儀。

酒精稀釋精油，所以當然不是純精油。但是因為稀釋了，擴香儀在擴香時更好推出，所以這種方法可以讓香味出來得更順一些，同時也有保養清潔擴香儀的好處。

所以只要你不嫌棄精油有稀釋過，用精油香水也是不錯的用法。

## 風扇式香氛機

原理：把精油滴在棉片上，再用風扇吹出來。這也是另一種方便省事的擴香。

說穿了這種吹風式的擴香並沒有什麼太難的門檻，所以不失為簡單方便的香氛

來源。有巧思者多有加值的功能，例如夜光、定時、USB 充電這些，成為一種香氛小家電。

　　風扇式香氛機，不用加水，精油也是原汁原味，但是因為滴在棉片上再擴香出來，所以久了棉片需要更換，是唯一的消耗。

　　接下來我們把使用香氛機的幾個常見需求與差異列舉出來，以便你考慮，哪一種香氛機適合你。

↑風扇式香氛機。

## 香氛機常見問答

### 你預算多少錢買香氛機呢？

✤ 精油水氧機：最便宜。1,000 元左右就有合適的選擇。
✤ 精油擴香儀：比較貴。大概在 2,000 元到 3,000 元，超過 3,000 元就超過行情了。
✤ 風扇式香氛機：一千多元，看功能有什麼變化。

### 你會常常換香氛機的精油配方嗎？

✤ 精油水氧機：水氧機每次滴精油 10 滴左右可以用 3 小時，之後可以再換別的精油，如果你對香味很敏感，也可以把水氧機內的水杯清洗即可，所以換配方很容易。
✤ 精油擴香儀：每次滴 5～10 滴精油，擴散完後，事實上擴香瓶內還會有些殘留的精油，此時再加新的精油當然可以，不過一定會和原來的精油香味混合。
✤ 風扇式香氛機：因為是用棉片，所以只要你多準備幾個棉片，每種棉片專用的精油配方，更換香味很容易。

### 你會在車上使用香氛機嗎？
### （香氛機方便攜帶性及電源）

✤ 精油水氧機：有 USB 電源的水氧機可以接上 USB 電源在車上使用。不過水氧機體積比較大不好攜帶。
✤ 精油擴香儀：擴香儀大多是玻璃材質，

所以要小心攜帶，另外擴香儀也不太支援 USB 電源。

✤ **風扇式香氛機**：攜帶性最好，通常都有 USB 電源，甚至自備充電功能，風扇式香氛機是攜帶性最佳的選擇。

### 你會希望香氛機省精油嗎？

✤ **精油水氧機**：因為用水稀釋再擴香，所以水氧機最省精油。

✤ **精油擴香儀**：因為講究原汁原味，擴香儀並不省油，會用擴香儀的人也不在乎省油。

✤ **風扇式香氛機**：因為是滴在棉片上再用風扇吹出來擴香，其實效益是比較差的，也就是香味最弱。

### 你是懶人還是細心的人？
### （香氛機的保養麻煩度）

✤ **精油水氧機**：約兩、三個月要清理震盪片。

✤ **精油擴香儀**：約一、兩個月要清理擴香軸心。

✤ **風扇式香氛機**：不用清理，但是要定時更換棉片。

↑ 在香氛空間的佈置中，只要搭配一台合適的香氛機或擴香儀，你的香氛氣場就有更強大的影響範圍。

## 精油香水竟成佳釀

精油香水和酒有什麼關係呢？

精油香水其實和酒非常相像，精油香水是植物精油加上酒精，而酒呢？則是植物成分發酵成為的醇類與芳香酯類，也是植物精油加上酒精（當然還有水分，因為飲酒的酒精比例只有百分之十幾到四、五十）。

這也是為什麼我們會推薦你用某些基礎酒來調香水的原因。

但是更好玩的來了，精油香水和酒還能有其他更深入的結合？

喜歡精油香味，可以把這種香味變成酒嗎？以下的奇遇，提供當精油香水遇上酒的真實故事，也許你也可以創造出你的奇遇記。

### 沉香酒奇遇記

某次與朋友一起拜訪民間高手，此人住在台中，神通廣大，其專長與研發的項目因涉及機密，不便多說，雖然是第一次見面，但他知道我的精油專業背景後，非常高興的拿出一個酒罐，要讓我品嘗。

酒罈打開斟上，奇香無比，我初一聞，不敢置信的說，這⋯⋯這不是沉香嗎？

↑沉香精油不但能量很強，用來泡酒味道也非常迷人。

他非常得意，說也只有你識貨。原來他得到一些非常珍貴的沉香木，他就發揮研究的精神，把這些沉香木清洗，切碎，然後用白酒泡起來，至少十年了，就得此沉香酒。

沉香和檀香可以說是植物精油兩種最特別，能量最強的香味了，兩種是完全不同的氣味系統，各有勝場，而這罐獨一無二的沉香酒呢？入口都是享受，光拿著殘酒空杯，用掌心溫度慢慢地烘出酒香，聞著都是享受。

你說，這算不算精油香水的另一種形式呢？

其實這個就是把民間泡藥酒的習慣做些調整，因為白酒可以把植物中的微量成分與香氣溶解在白酒中，你可以泡人蔘泡藥材，也可以泡沉香泡香草，原理一樣，例如像珍貴的沉香，不可能煉精油也太浪費了，那就自己動手做成沉香酒吧！也能享受。

## Bartender 奇遇記

我們遇過的另一個案例也是精油香水與酒結合的應用。

在花式調酒中有所謂 $CO_2$ 灌氣雪克杯，這是一種特殊的工具，可以把 $CO_2$ 灌到調酒裡，也就是變成氣泡飲料。

如果在灌氣的過程中，把精油的香味用擴香的方式，是不是也可以打入酒中呢？我們有個會員就是台北東區的酒吧老闆，我們一起實驗了這個玩法。

效果是非常驚人的，在原本的調酒中，可以用高壓氣體加入精油香味，最適合的就是果類精油，如檸檬、葡萄柚、甜橙，當然我們也玩了更多的配方，因這屬於共同開發的智慧財產，無法透漏更多，但可以自信的告訴你，如果加的是奧圖玫瑰精油的香味，那就是來自天堂的佳釀了！

↑在花式調酒中有所謂 $CO_2$ 灌氣雪克杯，這是一種特殊的工具，可以把 $CO_2$ 灌到調酒裡，也就是變成氣泡飲料。

# Part 2 —— 香氛精油篇

　　市面上的商業香水多到不勝枚舉，但想要自己擁有一款獨家配方是絕對不可能的事！但如果可以利用精油自行調製，就可以調出自己喜歡的味道，或是想表達的訊息，也可以配合場所、事件、心情、對象與環境，量身定作精油香水。

　　此單元芳療師們將彙整他們 20 年來的調香經驗，運用香氣的特質把精油分門別類，如性感浪漫花香系、靈活多變草香系、陽光快樂果香系、堅定穩重木葉香系、圓融飽和樹脂香系、溫暖厚實香料種籽香系等六大類，以流暢洗練的文筆，精確又具體的描述每一種精油的香氣與感覺，讓你跟著文字的流動與韻律，慢慢從中體會感受每種植物帶來芳香與療效，且不由自主地進入精油調香的美妙境界。

# Chapter3

# 性感浪漫花香系

\* \* \*

花香當然是香水最常引用的材料。

花香本來就是植物吸引異性最主要的方式，綻開的花朵吸引蝴蝶蜜蜂，因此才能傳宗接代，花香也是跨物種的，一隻蜜蜂對一朵盛開玫瑰的香氣欣賞力可能不亞於你……花香也是既短暫又持久的：清晨開苞吐香的茉莉，到了中午可能就不敵烈日而小歇，但是如果成功取出的茉莉花香精油，經年累月後你還是能聞到它的清香宜人。

花香，可以同時是前味、中味，以及後味。

調香時使用花香類精油，最需磨練之處，就是你該如何選擇你的香調。玫瑰、茉莉、薰衣草、橙花……對於初學者來說，每一種你都捨不得讓它當配角。當然我必須老實說，就算你四、五種花香精油胡亂加一通，出來的香調也非常好聞，只是缺了主題或是調香目的而已，所以成功的調香師還是要懂得分辨、掌握，如何在這幾種精油中拿捏。

花香系列的幾種精油，建議你一定要擁有的基本必備是：

薰衣草、花梨木、橙花、天竺葵、依蘭，同時最好能有玫瑰或是茉莉的其中一種，如此你就可以擁有基本的調香組合。

同時擁有茉莉與玫瑰，甚至是多種品種的玫瑰（我手邊主要用的玫瑰就有五種，能做為原料的有七種玫瑰）是非常愉快的事情，你會訝異於多品種的玫瑰都能表達出豐富飽和的玫瑰香氣，但是卻都完全不同，這就像你是天才資優班老師的驕傲。

洋甘菊以及其他的菊科精油，也是進階高手必備的花香精油，洋甘菊當然是芳療界中的明星，但是就我曾用過的藍艾菊，還有獨特的野菊花精油，都能有不錯的表現與香氣特徵。

岩玫瑰是種很有個性的花香精油，另外如中國特產的桂花，或是夜來香、白蘭花如果你能得到，並用以做為主旋律來調配香水，相信我，你可以調出獨一無二的獨特香氣！

在香水界也許還會提到鈴蘭、百合等，你會在某些香水描述中看到這些成分，但是就如同《香水的感官之旅》的作者說的，這些花香是無法提煉精油的，因此只能用合成來模擬。

以下所介紹的都是以純植物精油為對象，專屬於芳療精油專業的知識，就不在本書中說明，畢竟那是另一個領域的專業，不過要特別說明幾點：

一、同樣是薰衣草精油，全世界有超過二十個產地、四十種品種、上百上千家廠牌的薰衣草精油，其氣味都不盡相同。本書中所提之每一種精油，都是以 Herbcare 香草魔法學苑品牌為對象做說明與描述，如果你並不是這個品牌的精油，請勿期待有一致的感受或體會。

二、精油使用有其安全操作要領，如有必要，我們會在講述調配時做說明。本書中所提的精油使用及其配方，均可在調和成品之後噴灑於衣服、身體肌膚，做為沐浴或其他用途。

三、針對少數過敏體質的朋友，請務必先實驗你是否會對相關成分過敏，請先少量接觸身體手臂內側皮膚，至少 10 分鐘以上觀察有無過敏現象，再決定是否使用。

# 薰衣草
## 中古世紀歐洲人瘋狂的香水

中文名稱
高地薰衣草

英文名稱
Lavender

拉丁學名
Lavandula angustifolia

| 重點字 | 平衡 |
|---|---|
| 魔法元素 | 水 |
| 觸發能量 | 交際力 |
| 科別 | 唇形科 |
| 氣味描述 | 前味為清新草香，尾味為微甜花香 |
| 香味類別 | 蜜香／幽香 |
| 萃取方式 | 蒸餾 |
| 萃取部位 | 頂端的花苞 |
| 主要成分 | 乙酸沉香酯（Linalyl acetate）、沉香醇（Linalool） |
| 香調 | 前─中─後味 |
| 功效關鍵字 | 安神／助眠／平衡／降血壓／癒合／淡斑疤／燙傷／驅蚊 |
| 刺激度 | 極低度刺激性 |
| 保存期限 | 至少保存期兩年 |
| 注意事項 | 有低血壓病史者需注意使用 |

　　在許多人的印象中，薰衣草與「芳療」、「香水」幾乎是等號。

　　這種在歐洲最常見的香草植物，也因為它的香氣大方宜人，成分又具有廣泛的保健醫護價值，早就被大量的引用於各種藥草配方中，香水也不例外。

　　最早的香水或是香料的配方，就是以薰衣草為配方，在中古世紀的歐洲，廣泛的被使用，不過很好玩的是，因為它的香氣實在太動人了，在當時保守得「詭異」的歐洲來看，這簡直是大逆不道！（為什麼這種味道會讓人神魂顛倒呢？這肯定是淫蕩而褻瀆的！）於是當時甚至出現「嚴禁使用香水香料，或任何會使人心神不定的物品」。

　　大驚小怪的古人，最後當然還是不敵

↑薰衣草不會濃到搶味，也不會淡到消失，在你感受調和的精油香水時，一陣一陣的主氣味背後，薰衣草負責背景烘托。

香草植物自然的魅力，終於在整個社會的壓力下，開放這種令人瘋狂的氣質裝飾了。

　　薰衣草其實是有非常寬廣的層次香氣的。一般來說，它的前味會帶些草味，某些對氣味地圖不熟悉的人，特別是台灣人，會說它的前味是「樟腦味」，因為樟腦味是台灣人從小比較熟悉的氣味，也因為薰衣草的成分中，也的確有些與樟腦類似，這種說法並沒有錯，不過它的中味應該可

以表現出「薰衣草醇」這種主要的香調，這時你會有清香而爽朗的感受。

　　市面上大多數的薰衣草香精其實都是模擬合成「薰衣草醇」的味道，所以如果是薰衣草迷，而你又偏偏接觸了很多市面上的薰衣草香精，你也會很熟悉。不過天然薰衣草精油最珍貴的是「薰衣草酯」，這種獨特的甜香味就是我把它歸類為花香系列的真正原因，也是好的薰衣草精油最

薰衣草精油 ｜ 是一種甜甜但不膩人的花香，如果你眼前能看到一株盛開的薰衣草花束，你可能更能掌握這種迷人的甜香的由來，腦海中最好能聯想到紫色，那種淡雅的「薰衣草紫」。

珍貴的地方。那是一種甜甜但不膩人的花香，如果你眼前能看到一株盛開的薰衣草花束，你可能更能掌握這種迷人的甜香的由來，腦海中最好能聯想到紫色，那種淡雅的「薰衣草紫」。

因為這是我介紹的第一種精油香氣，所以我嘗試用最通俗的說法讓你瞭解，不過也請記住：對氣味的感受其實每個人都不同，我已經盡量嘗試客觀了，畢竟我從事芳療專業多年，也有上萬次的操作練習經驗。對於「精油氣味」這個主題，你要理解，它是活的東西，會變化的，會和你的大腦反應的，把精油氣味當作一個朋友，接觸的越久，你才能越熟悉，也才能更有創意靈感。

薰衣草適合做為前味與中味，只要劑量得當，你可以在中味中就發揮出它的花

↑薰衣草是歐洲最常見的香草植物，也因為它的香氣大方宜人，成分又具有廣泛的保健醫護價值，早就被大量的引用於各種藥草配方中，香水也不例外。

香。薰衣草的花香永不嫌濃郁，它也很適合和其他的精油搭配，當你把一個主題香水的配方都想完了，一時間不知道該用什麼香氣來填補時，就用薰衣草吧！不會出錯的，我有時候甚至就用它來做最佳配角：例如我曾想好好的發揮玫瑰的香氣，就拿玫瑰為主，搭配薰衣草，就這麼簡單而有效的完成一瓶玫瑰主題香水。

薰衣草不會濃到搶味，也不會淡到消失，在你感受調和的精油香水時，一陣一陣的主氣味背後，薰衣草負責背景烘托，因此，它是我最愛用的配角精油之一（另一種是花梨木）。

### 薰衣草精油做為香水配方的使用時機

† 想調出一種友善的氛圍，樂於交際與認識新朋友的氛圍，例如參加一場熟人不多的聚會。
† 做為夜間的香味，希望有放鬆、舒適、居家風格、南法普羅旺斯風格的香氛。
† 不想用太多花香，但還是想表達溫柔的調性。
† 出遊時的輕香水配方。
† 最棒的居家生活香水配方。

### 薰衣草主題精油香水配方

如何以薰衣草精油的香味為主題，好好的來玩一次香水調配之旅，徹底的釋放出薰衣草最迷人的香味。首先還是用純的

↑薰衣草適合做為精油香水的前味與中味，只要劑量得當，你可以在中味中就發揮出它的花香。

薰衣草來調第一款配方：

| 配方 **A** | 薰衣草精油3ml＋<br>香水酒精5ml |

放置一天後試香，薰衣草的香味用香水酒精稀釋後變得更甜一些，前味的草香味會多一些酸香草味，很迷人，但是中後味雖然有還是略嫌不足，所以可以用配方 B 改良一下。因為薰衣草本身就有不錯的中後味，只是不明顯，所以我們可以只用一種精油來帶就可以了。

| 配方 **B** | 配方A＋蒸餾茉莉精油5滴 |

因為薰衣草其實中後味是夠的，所以只要用一點點的茉莉就可以強化得很好了。這樣後味會更有花香的甜蜜味，持久度更好。這款配方已經可以非常棒的展現薰衣草香味了。

配方第 3 號

## 愛上薰衣草

薰衣草精油 3ml ＋蒸餾茉莉精油 5 滴＋香水酒精 5ml

如果你還想把薰衣草精油主題香水多些變化，可以在消耗掉一些之後，除了可以補充薰衣草精油之外，也可以參考下面的選項來補充：

✤ 補 1ml 的香水酒精，讓它香味更淡雅些。
✤ 補充苦橙葉，就是經典的歐洲古香水版本。
✤ 補充乳香，後味會更持久且更有深度。
✤ 補充果類精油，可以讓香味更受歡迎。
✤ 補充香茅精油，可以讓香味更厚實。
✤ 補充雪松，香氣會更飽和。
✤ 補充冷杉或松針，是不錯的中性香水。
✤ 補充依蘭，超級適合臥房氛圍。
✤ 補充尤加利，這也是中性香水，還適合做運動香水。
✤ 補充茴香，多一點異國情調。
✤ 補充香蜂草，香味會更迷人且靈活，讓你多些創意！
✤ 補充絲柏，香味會變得清新。
✤ 補充洋甘菊，瞬間香味升級變得超甜美療癒系。
✤ 補充橙花，會讓香味多一些氣質。
✤ 補充花梨木，香味會變得婉轉多變。
或是補充其他你喜歡的精油，並無禁忌。

### 歐洲古法的薰衣草香水配方

如果你迷戀薰衣草香味，到了想要調配一瓶以薰衣草為主調的香味，我會告訴你，你不是第一個這樣想的人！事實上，在中古時代的歐洲，早就有一種薰衣草為主調的香水，而且，非常受到歡迎！

好啦！你一定很好奇，這款中古時代瘋迷歐洲的薰衣草香水，秘密公式如下：

配方第 4 號

**歐洲古法薰衣草香水**

薰衣草精油 8ml ＋苦橙葉精油 2ml ＋廣藿香精油 1ml ＋依蘭精油 1ml ＋香水酒精 8ml

就這樣，全部調配在一起，均勻後放置一天，你就可以得到一瓶古法調配的薰衣草香水了！

### 以薰衣草為配方的知名香水

Jennifer Lopez My Glow
珍妮佛 · 羅佩茲女性光輝
淡香水

（知名藝人珍妮佛 · 羅佩茲自創品牌 2009 年新香水）

香調——柔美花香調
主成分——小蒼蘭、睡蓮、薰衣草、白玫瑰、牡丹、檀木、麝香、纈草

CK be
中性淡香水

（Calvin Klein 暢銷十年的 CK be 中性淡香水，柳井愛子、SHINOBU、AIKO、凱特摩絲愛用！）

香調——清新柑橘調
主成分——杜松果、豆蔻果、柑橘、薄荷、薰衣草、玉蘭花、綠茶、白麝香、金合歡

Sarah Jessica Parker Lovely
《欲望城市》主角莎拉 · 潔西卡 · 派克女性淡香精

（來自莎拉 · 潔西卡 · 派克的第一款 lovely 香水，柔美氣息深獲都會女子的擁戴，美國熱門影集《欲望城市》凱莉的味道！）

香調——柔美花香調
主成分——佛手柑、花梨木、柑橘、薰衣草、馬丁尼、白水仙、廣藿香、蘭花、木質香、香柏木、龍涎香、麝香

配方第 5 號

**我的欲望城市**

薰衣草精油 2ml ＋佛手柑精油 0.5ml ＋甜橙精油 0.5ml ＋岩蘭草精油 1ml ＋廣藿香精油 0.5ml ＋花梨木精油 0.5ml ＋香水酒精 5ml

# 橙花
## 永遠的貴族氣質

中文名稱
**橙花**
英文名稱
**Neroli**
拉丁學名
Citrus aurantium bigarade

| 重點字 | 貴族 |
|---|---|
| 魔法元素 | 天 |
| 觸發能量 | 意志力 |
| 科別 | 芸香科 |
| 氣味描述 | 帶點苦味、藥味的百合花香味，具有陽光及安撫的氣質 |
| 香味類別 | 幽香／媚香／呀哚香 |
| 萃取方式 | 蒸餾 |
| 萃取部位 | 花 |
| 主要成分 | 沉香醇（Linalool）、乙酸沉香酯（Linalyl acetate） |
| 香調 | 前—中—後味 |
| 功效關鍵字 | 抗老／迷人／優雅／貴族／活化／護膚 |
| 刺激度 | 中度刺激性 |
| 保存期限 | 至少保存期兩年 |
| 注意事項 | 懷孕期間宜小心使用 |

從有歷史記載以來，橙花就和「貴族氣質」脫不了關係。

Neroli 這個橙花的英文名字，其實原先是歐洲一個公主的名字，因為她太愛橙花了，喜歡用它來裝扮自己，久而久之，Neroli 也成了橙花的代名詞。用現在的觀點來看，可以說那位「橙花公主」，是把橙花推向上流社會的重要功臣。

橙花精油的熱愛者還有法國國王路易十五的情婦彭派德爾夫人。那時，凡爾賽宮被稱作「芳香宮殿」，出席凡爾賽宮舞會的名媛淑女們，都必須以個人獨特的香味來表達自己的個性和品味。當彭派德爾夫人將橙花精油做為香水使用出席時，再一次的帶動了橙花精油的獨領風騷。

不單是「橙花公主」這些歐洲宮廷貴

↑ Neroli 這個橙花的英文名字，其實原先是歐洲一個公主的名字，因為她太愛橙花了，喜歡用它來裝扮自己，久而久之，Neroli 也成了橙花的代名詞。

↑ 法國國王路易十五的情婦彭派德爾夫人出席凡爾賽宮的舞會時，都用橙花精油做為香水，帶動風潮。

族，任何聞過橙花的調香師應該也很難忘懷這種獨特的味道，結合了橙的甜美與花的芳香。橙花不像甜橙那樣單純的天真，而更耐聞，當你的鼻遇到橙花時，就像是一種歷程：戀愛中的人會把這種酸酸甜甜的感覺形容為愛情的滋味，有過一段社會歷練的熟齡男女會把這種收斂去又不失風采的感覺定位為成熟，橙花的氣質與貴族定位，其實是很自然的。

橙花除了是最早做為香水配方的材料，也是最廣泛應用於現在各大品牌的配方。從香奈爾到雅頓，從設計給青年男女的到熟齡貴婦，橙花可以說是最普遍也最為調香師採用的香氣來源。所以當你聞到橙花的氣味時，應該會有似曾相識的感覺，也會恍然大悟：「喔～原來這就是我最喜歡某款香水的原因。」

橙花一般都做為前味與中味，天然的橙花精油其實有非常漂亮的後味，只可惜習慣使用化學合成的香水無法發揮這個特點。如果你真的很喜歡橙花的獨特，你是可以給自己出一道習題：用橙花為主調，調一瓶橙花主題香水的，那時你就可以好好練習如何凸顯它的後味了。

### 橙花精油做為香水配方的使用時機

† 橙花是一種完全能表達高貴氣息的香氛，

橙花精油 | 橙花一般都做為前味與中味，天然的橙花精油其實有非常漂亮的後味，只可惜習慣使用化學合成的香水無法發揮這個特點。

↑橙花除了是最早做為香水配方的材料，也是最廣泛應用於現在各大品牌的配方。

如果你想給初次見面的人「高貴氣質」的印象，推薦使用。

† 橙花適合秋天與冬季香水的配方使用。

† 橙花香味能讓你展現性感迷人但又有親切感，很適合做為初次約會或相親時使用。

† 橙花非常適合四十歲以上美魔女做為常用香味。能把年齡對你的影響轉化為更有內涵與氣質。

## 橙花主題精油香水配方

如何以橙花精油的香味做為主題，釋放出橙花最迷人的香味？首先還是用純的橙花來調第一種配方：

| 配方 | **A** | 橙花精油1ml＋香水酒精6ml |
|---|---|---|

至少放置半天後再試香，好讓橙花的香味在酒精中釋放得更開放些。只用橙花就是為了讓你全然的享受與品嘗橙花的特有香味，從前味到中味，都不會讓你失望。大概兩小時後留下的後味，就是橙花那種特有的氣質香味了。

我們曾在多次品香大會現場詢問參與者的意見，同時試聞與比較橙花、苦橙葉、

→橙花是一種完全能表
達高貴氣息的香氛，
如果你想給初次見面
的人「高貴氣質」的
印象，推薦使用。

甜橙三種精油的氣味，而且是盲測，也就是三種精油都不標示名稱，純粹讓大家聞香比較，結果一致公認，某種香味公認是「最有氣質」，而這就是橙花。

　　但是光用橙花有點傷本，畢竟這是比較高價的精油，所以為了承續其香味系統，並降低成本，你可以在配方 B 中加入些苦橙葉，以及乳香。

| 配方 | B |
|---|---|

配方A ＋乳香精油1ml＋苦橙葉精油1ml＋香水酒精1ml

　　苦橙葉用來補強橙花的主香味，也就是那種酸香，而乳香則是在後味補強，並穩定橙花原本就有的花香讓它更持久。這樣的配方還是能完全的表現出橙花的特徵，並且有更好的留香程度。

配方第 6 號

## 愛上橙花

橙花精油 1ml ＋乳香精油 1ml ＋苦橙葉精油 1ml ＋香水酒精 7ml

　　在使用過後如想調整香味，這款配方的推薦補充如下：

✤ 補 1ml 的香水酒精，讓它香味更淡雅些。
✤ 補充苦橙葉，繼續搭橙花的香味便車，但是如此可能會有點喧賓奪主。
✤ 補充乳香，後味會更持久且更有深度。
✤ 補充薰衣草，香味會有溫和的花香感。
✤ 補充迷迭香，表達出類似海洋風的自然氣息。
✤ 補充岩蘭草，可以更有氣質與穩定感。
✤ 補充依蘭，讓氣味更嫵媚。
✤ 補充茴香，多一點異國情調。

✤ 補充檀香，把尊貴感拉升更高的層次，且後味甜美度更高，讓人回頭度更高。

✤ 補充香蜂草，香味會更迷人且靈活。這是很高明的手法，因為是讓香蜂草表達出像檸檬般的花香，而讓橙花表達出橙類的花香！

✤ 補充花梨木，香味會變得婉轉多變。

✤ 補充肉桂，會讓香味更成熟些。

✤ 補充玫瑰天竺葵，走百花綻放的路線。

### 以橙花為配方的知名香水

PRADA Infusion D'iris
經典鳶尾花女性淡香精

香調——馥郁花香調
前味——西西里柑橘、橙花
中味——鳶尾花
後味——鳶尾花木

　　Prada 的調香大師 Daniela Andrier 很喜歡橙花，在另一個經典系列「Olfactories 珍藏系列香水」的第一瓶「Purple Rain 紫雨」，就是以橙花做為前味開場的。系列第二瓶日光傾城（Nue Au Soleil）又是以橙花做為主調，要知道這個系列全部單價都在台幣破萬以上，可見其奢華。

BVLGARI Omnia Crystalline
寶格麗亞洲典藏版女性淡香水

香調——水生花香調
前味——竹子、佛手柑、香檸、蜜柑、橙花醇、豐山水梨
中味——山百合、白牡丹、蓮花
後味——琥珀、熱帶伐木、檀香、麝香

配方第 7 號

### 橙花奢華綻開時

橙花精油 2ml ＋玫瑰原精 0.5ml ＋檀香精油 0.5ml ＋乳香精油 1ml ＋佛手柑精油 1ml ＋香水酒精 5ml

# 天竺葵
## 有厚度也有溫柔

中文名稱
**玫瑰天竺葵**

英文名稱
Rose Geranium

拉丁學名
Pelargonium roseum

|  |  |
|---|---|
| 重點字 | 溫暖 |
| 魔法元素 | 土 |
| 觸發能量 | 執行力 |
| 科別 | 牻牛兒科 |
| 氣味描述 | 前味帶有玫瑰氣味，中味有薄荷的穿透以及厚重的花香粉味 |
| 香味類別 | 暖香／粉香 |
| 萃取方式 | 蒸餾 |
| 萃取部位 | 花、葉 |
| 主要成分 | 香茅醇（Citronellol）、甲酸香茅酯（Citronellyl formate）、橙花醇（Nerol） |
| 香調 | 前─中─後味 |
| 功效關鍵字 | 女性／溫暖／滋潤／活血／溫情 |
| 刺激度 | 中度刺激性 |
| 保存期限 | 至少保存期兩年 |
| 注意事項 | 懷孕初期避免 |

如果你能掌握天竺葵的所謂「厚度」與「溫柔」，你才稱得上是善用天竺葵的調香師。

最知名的天竺葵有兩種：一種是留尼旺島產的天竺葵，一種是法國產的玫瑰天竺葵。前者的氣味厚度比較強，後者的溫柔度比較夠。

在此我有必要說明何謂「厚度」與「溫柔」。

你要知道，天竺葵有兩種主要成分比例與玫瑰類似：香茅醇與牻牛兒醇，這也是市面上會常有商家拿天竺葵冒充玫瑰來販賣的原因：天竺葵的價格約只有玫瑰的十分之一，而一般大眾聞到天竺葵的花香味就以為玫瑰就是這樣……。

香茅醇就是我所謂的「厚度」，而牻

牛兒醇能提供「溫柔」。

厚度是表達這種氣味能提供持續的草香味，如果能有視覺對比，很像你看到或接觸到一堆厚厚的稻草，曝曬在陽光下，所散發出那種厚實的香味。而溫柔指的是多變的花香，這就像你跑到一個花園中打滾嬉戲，並且在你的衣服、髮膚上會留下的婉轉香氣。

所以留尼旺天竺葵更趨近於天竺葵那種草本味，而玫瑰天竺葵的品種改良更貼近玫瑰的花香，才會有這兩個明顯的區分。

這種厚度與溫柔，在你調香時，可以「大膽」的做為「助攻」。為何「大膽」？因為它能提供只有玫瑰才能提供的獨特風味，而成本卻只有玫瑰的十分之一。為何「助攻」？因為用來搭配其他精油，就會有意想不到的效果。例如這種厚度與清新的香蜂草、迷迭香調和，讓靈活的氣味有了靠山，而這種花香與溫柔搭配依蘭、苦橙葉也會有複雜多變的婉轉性與趣味。

當然，更多的調配，有待你實際體會實驗才能感受。

### 天竺葵精油做為香水配方的使用時機

† 天竺葵精油最能充分表達溫柔與溫暖的香味，所以很適合冬季香。

† 天竺葵也是非常適合輕熟女、凍齡媽媽使用得體的香味。

† 有撫慰、安撫、癒合情緒創傷的氛圍暗示，適合做為情傷後調整自己的情緒香水。

† 上班族做為例行常用的香水配方，天竺葵有可信任、可親近的氛圍暗示，讓你工作環境與人相處都會更愉快，也算是自動防小人的香氛。

† 如果你喜歡用玫瑰精油調香，又怕用得太快傷荷包，把玫瑰和天竺葵調配使用，能延長玫瑰主調的香氣。

### 玫瑰天竺葵主題精油香水配方

 | 配方 **A** | 玫瑰天竺葵精油3ml＋香水酒精6ml

這裡我們用玫瑰天竺葵，是因為就香味來說，玫瑰天竺葵可以說是最平衡，也是最標準最好用的天竺葵品種。

配方 A 可以完全的感受玫瑰天竺葵的香氣，那種玫瑰花開的前味以及隨之而來的溫暖中後味，光是單純欣賞玫瑰天竺葵的香氣之旅都是美好的。

可能略感不足的在後味的部分，因此配方 B 可以對後味再補充點溫暖底香：

天竺葵精油 | 天竺葵精油最能充分表達溫柔與溫暖的香味，所以很適合冬季香。天竺葵也是非常適合輕熟女、凍齡媽媽使用得體的香味。

配方 **B** 配方A＋肉桂精油1ml

這樣的好處是不會打擾到天竺葵原有的前中味花香，而在後味保留更多的溫暖，讓香味的享受是連續的。

配方第 8 號

## 愛上玫瑰天竺葵

玫瑰天竺葵精油 3ml ＋肉桂精油 1ml
＋香水酒精 6ml

在使用過後如想調整香味，這款配方的推薦補充如下：

✤ 補充肉桂，會讓香味溫暖度更深層。
✤ 補充岩蘭草，讓後味不會太甜而有踏實感。
✤ 補充芳樟葉，氣味變化性更強，敏感者可能會頭暈。
✤ 補充檀香，增添後味的能量，留下完美的尾香。
✤ 補充甜橙，增加些天真活潑與陽光正能量。
✤ 補充杜松莓，增加中性的緩衝，以及不慍不火的中味。

↑天竺葵擁有厚度與溫柔，所以在調香時，可以「大膽」的做為「助攻」。因為它能提供只有玫瑰才能提供的獨特風味，而成本卻只有玫瑰的十分之一。

✤ 補充廣藿香，會在後味給人熟悉感，香味與人性的結合更深。
✤ 補充安息香，增加香草般的甜美感。
✤ 補充丁香，增加澀香與辛香味，會讓配方更有些深度。
✤ 補充沒藥，增加甜美的藥草香。
✤ 補充乳香，也是很好的後味選擇。
✤ 補充果類精油，可以讓香味更受歡迎。
✤ 補充香茅精油，可以讓香味更厚實。香茅和玫瑰天竺葵非常搭配，非常推薦。
✤ 補充雪松，香氣會更飽和。
✤ 補充冷杉或松針，是不錯的中性香水。
✤ 補充依蘭，肯定是女生的最愛。

## 以天竺葵為配方的知名香水

Hugo Boss XY
情竇初開男性淡香水

香調——草香清新調
前味——佛手柑、洋梨樹葉、香櫞
中味——碎冰、薄荷、羅勒
後味——天竺葵、雪松、廣藿香

ANNA SUI Rock Me Summer of Love
安娜蘇搖滾夏日之愛淡香水

（小甜甜布蘭妮的最愛）

香調——水生花香調
前味——天竺葵、佛手柑、神香草
中味——小蒼蘭、白桃、睡蓮
後味——龍涎香、檀香木、麝香玫瑰

# 依蘭

## 華麗芳香的定香

中文名稱
**依蘭**

英文名稱
**Ylang Ylang**

拉丁學名
**Cananga odorata**

| | |
|---|---|
| 重點字 | 浪漫 |
| 魔法元素 | 水 |
| 觸發能量 | 交際力 |
| 科別 | 番荔枝科 |
| 氣味描述 | 甜美熱情的花香 |
| 香味類別 | 濃香／媚香 |
| 萃取方式 | 蒸餾 |
| 萃取部位 | 花 |
| 主要成分 | $\beta$-畢澄茄烯（$\beta$-Cubebene）、香柑油烯（$\alpha$-Bergamotene） |
| 香調 | 前—中—後味 |
| 功效關鍵字 | 浪漫／女性／熱情／異性緣／活力／豐滿 |
| 刺激度 | 中度刺激性 |
| 保存期限 | 至少保存期兩年 |
| 注意事項 | 懷孕期間宜小心使用 |

　　只要是想調成花香調的香水，用於定香的後味用依蘭就對了。

　　依蘭又稱為「香水樹」，可以說是芳療精油中最典型的「香水」香味，不同的是，因為提煉層次的不同，依蘭從特級、一級，到二級品質，呈現出來的香味也不一樣。唯有特級依蘭才能有飽和而豐富的香氣，如果到了二級，或是用其他劣質品

種來混充的依蘭精油，可能會給你一種「廉價肥皂味」，感受就差很多了。

　　依蘭的香味是那麼的直覺，在我主持過那麼多場的芳療講座中，每一次在傳遞聞過了各種精油試香紙後，傳下去依蘭的試香紙，總會出現「戲劇性」的氣氛：有些人猛一聞，會發現它的香度超強，而被嚇一跳；有的會非常喜歡它的香度；有的

↑在東南亞的習俗中，新婚洞房的床上必定灑滿依蘭的花瓣，用依蘭泡澡也是貴族公主們保持萬人迷的秘密武器。

則會因為太強的香度表示不能接受……他們不知道的是，光是傳遞依蘭的試香紙，就足以讓演講大廳的空間中，飄盪著淡雅的香味。而等一下如果請大家來試做一瓶精油香水，絕大多數的人，還是會挑選依蘭做為香味的一部分。

依蘭的香味是非常飽和的甜香與花香，香氣隱然有發酵後的味道，這是所有具有「挑情」性質香水的特質，給人一種奢華糜爛感。而強勁的味道很容易主宰香水配方成為著名的中後味，拿來做為花香、果香類香水的定香劑是個不會出錯的選擇。

依蘭做為調情與羅曼蒂克的象徵其來有自，在東南亞的習俗中，新婚洞房的床上必定灑滿依蘭的花瓣，用依蘭泡澡也是貴族公主們保持萬人迷的秘密武器。

### 依蘭精油做為香水配方的使用時機

† 充分展現女性嫵媚，表達性感的首選。
† 依蘭也有異國情調與東方美的暗示，同時也有熱情的氛圍，如果你想來一段異國戀或成為聚會的焦點，依蘭肯定能讓你達成心願。
† 依蘭香味與茉莉為同系統，所以可以互相搭配使用，但建議整款配方中要有木香做為陪襯，後味也不宜過於香甜，可以用些土木香如廣藿香、岩蘭草之類的精油收尾，以免太過誇浮，引人側目。
† 要注意依蘭用的比例太濃烈容易使人發暈（情緒被勾引牽動的那種暈），所以除非你就是要高調，不然依蘭盡可能做為搭配性的香味。當然如果是你的新婚之夜，你就是主角，那就高調吧！

### 依蘭主題精油香水配方

配方 A　依蘭精油2ml＋香水酒精5ml

依蘭精油｜香味是非常飽和的甜香與花香，香氣隱然有發酵後的味道，這是所有具有「挑情」性質香水的特質，給人一種奢華糜爛感。

先用這樣的比例來純粹的感受一下依蘭野性不受拘束的性感香味吧！號稱香水樹的依蘭，香系與黃玉蘭、玉蘭花……都是同樣的濃香系列，光是鮮花本身就有足夠的香味，何況是精油？比較保守的人可能初聞會有點乍驚，怎麼這麼冶艷？不過當香味疏放出來後，自然會有種百花盛開花香撲鼻的喜悅。

當然我們也要修正一下，更多些氣質，在配方 B 中建議你這樣處理：

| 配方 | **B** | 配方A＋廣藿香精油1ml＋岩蘭草精油1ml＋香水酒精1ml |
|---|---|---|

廣藿香和岩蘭草，就像兩個教養嚴謹的修女一左一右的把依蘭這個淘氣公主管得服服貼貼，所以還是保留依蘭冶艷的前味，但是中後味就能收斂並搭配氣質與沉靜，讓香味更耐聞許多。

配方第 9 號

## 愛上依蘭

依蘭精油 2ml ＋廣藿香精油 1ml ＋
岩蘭草精油 1ml ＋香水酒精 6ml

在使用過後如想調整香味，這款配方的推薦補充如下：

✤ 補充乳香，也是很好的後味選擇。

✤ 補充肉桂，會讓香味溫暖度更深層。

✤ 補充甜橙，會讓香味更年輕更有活力。

✤ 補充杜松莓，增加中性的緩衝，以及不慍不火的中味。

✤ 補充丁香，這是另一種提供深度的配方。

✤ 補充冷杉或松針，稍稍中和太過的花香而中性與感性一點。

✤ 補充薰衣草，百搭且讓香味更耐聞。

✤ 補充黑胡椒，這會讓香味更有成熟韻味。

✤ 補充茉莉，擺明就是要勾引人。

### 以依蘭為配方的知名香水

 **ISSEY MIYAKE**
三宅一生氣息女性淡香精

香調——清綠花香調
前味——茉莉
中味——白松香、牡丹、依蘭、玫瑰、
　　　　風信子、蜜桃
後味——青苔、琥珀、廣藿香

↑依蘭又稱為「香水樹」，可以說是芳療精油中最典型的「香水」香味。

# 洋甘菊

## 洋溢幸福感覺的蘋果香

中文名稱
洋甘菊
英文名稱
Chamomile Roman
拉丁學名
Anthemis nobilis

| 重點字 | 舒敏 |
|---|---|
| 魔法元素 | 金 |
| 觸發能量 | 溝通力 |
| 科別 | 菊科 |
| 氣味描述 | 濃鬱的甜蘋果香，豐富多變，尾味有標準的甘菊草味 |
| 香味類別 | 蜜香／濃香 |
| 萃取方式 | 蒸餾 |
| 萃取部位 | 花 |
| 主要成分 | 異丙基 -3- 甲基 -2- 丁烯酸乙酯、草酸，環己基丙基酯、天藍烴含量需達 6% 以上 |
| 香調 | 前一中一後味 |
| 功效關鍵字 | 抗敏／消炎／撫慰／招財／愛情／育嬰 |
| 刺激度 | 極低度刺激性 |
| 保存期限 | 至少保存期兩年 |
| 注意事項 | 懷孕初期避免 |

　　幸福是什麼？雖然有不同的定義，不同的認知，但是相信，如果能沈溺在一種甜蜜、溫暖、愉快、被呵護的氛圍中，那滋味肯定很幸福，這也就是洋甘菊的芬芳。

　　有人說洋甘菊有一種甜蘋果味，倒也沒錯！與依蘭一樣洋甘菊有一種發酵香味，說是蘋果，描述得再深入一點應該是蘋果蜜甚至蘋果酒，濃得化不開，但是不至於

讓人膩。當洋甘菊成為香水配方時，立刻就會對周遭施展幸福魔法。

　　洋甘菊有很強的甜美前味與中味，但是能給予花草香的後味，這是它甜而不膩的秘訣。使用洋甘菊有一個要注意的就是：它是屬於「強勢轉化」能力的精油。講白一點，雖然配方中它的比例不多，但是你會非常明顯的聞到它，而把別的精油香味

↑如果能沈溺在一種甜蜜、溫暖、愉快、被呵護的氛圍中，那滋味肯定很幸福，這就是洋甘菊的芬芳。

蓋過。所以在使用上要特別注意配方比例問題，你可以很容易用洋甘菊搭配其他的精油調出百花香，也可以單獨的以洋甘菊為主味，然後想辦法調入另一個特別但能輔助的配方，這樣會出現若隱若現的趣味。

還有另一種德國洋甘菊，在芳療的效果比羅馬洋甘菊更強更好，但是氣味就偏重藥草味了，不適合拿來調味。正確的洋甘菊顏色應該是藍色或綠色，坊間有所謂

黃色與淡黃色的洋甘菊，就不是頂好的品質了。

### 洋甘菊精油做為香水配方的使用時機

† 洋甘菊的香味非常受歡迎，所以要提醒你的就是，不要因為太喜歡了用太凶太頻繁，要有變化，我知道有人就是只用洋甘菊做為唯一的香味配方。

洋甘菊精油　｜　洋甘菊有很強的甜美前味與中味，但是能給予花草香的後味，這是它甜而不膩的秘訣。

† 當然因為洋甘菊另一個特色：容易把別的香味轉化為它的香味，所以使用時的比例也要控制好。

† 洋甘菊甜美幸福的特徵，可以做為寶寶香水或是嬰兒房的香氛，讓你的寶貝在潛意識中就能獲得幸福感與滿足快樂，這對健全他的人格發展有非常棒的助益。

† 做為隨身香水，洋甘菊適合表達活力、樂觀、知足，並感染身邊的人。因此如果在乎團隊的人特別是人資相關的成員、幹部，洋甘菊是很棒的團隊激勵氛圍。

† 洋甘菊也適合老師、教練等需要協助、改善別人的需求，正如洋甘菊在花園裡就是照顧別的花草的健康一樣。

## 洋甘菊主題精油香水配方

| 配方 | **A** | 洋甘菊精油1ml＋<br>香水酒精6ml |
|---|---|---|

初聞這款配方，你馬上秒懂，為什麼有人只用洋甘菊做唯一的香水配方，因為洋甘菊都有了。

洋甘菊的香味不但飽滿且多變，從前味到中味後味，洋甘菊都有很好的且很明顯的表現。簡單的說，它就具備一款成熟的香水配方所需要的一切，也不需要什麼修正，那配方 B 該怎麼處理呢？

↑德國洋甘菊在芳療的效果比羅馬洋甘菊更強更好，但是氣味就偏重藥草味了，不適合拿來調味。

| 配方 | B |

配方A＋洋甘菊精油1ml＋薰衣草精油2ml

繼續加強洋甘菊，再把它的好閨蜜薰衣草加進來，試試洋甘菊的轉化能力。

果然，以這兩種為主成分，洋甘菊的香味還是很強勢的在前面主導，但是多了薰衣草的幫襯，香味就有了打底，更顯靈活而耐聞。

配方第 10 號

## 愛上洋甘菊

洋甘菊精油 2ml ＋薰衣草精油 2ml ＋香水酒精 6ml

雖然洋甘菊本身的香味足以讓你把玩許久，在使用過後如想調整香味，還是可以做些變化，推薦補充如下：

✤ 補充乳香，會讓後味更多些香氛深度。

✤ 補充葡萄柚，就是非常成功的社交香水，讓你在朋友圈廣受歡迎。

↑洋甘菊甜美幸福的特徵，可以做為寶寶香水或是嬰兒房的香氛，讓寶貝在潛意識中就能獲得幸福感與滿足快樂。

✤ 補充檀香，香味與能量都能達到最頂標，氣質非凡。

✤ 補充玫瑰天竺葵，有特色的女人香。

✤ 補充花梨木，有很好的香味輔助與搭配。

✤ 補充苦橙葉，讓原來的甜美花香韻味多帶些澀香。

✤ 補充沒藥，後味更飽和且讓人魂牽夢縈。

### 以洋甘菊為配方的知名香水

Les Parfums de Rosine
野玫果女性淡香精

↑洋甘菊的另一個特色是，容易把別的香味轉化為它的香味，所以使用時的比例也要控制好。

香調──玫瑰花香調

前味──乙醛花香調、酒香調、黑醋
　　　栗、綠草玫瑰香調、德國洋
　　　甘菊

中味──土耳其玫瑰、野玫瑰、黑莓、
　　　覆盆莓葉

後味──岩蘭草、鳶尾花、檀香

**Perfume**
**Bvlgari Petits et Mamans**
**寶格麗甜蜜寶貝中性淡香水**

香調──清新花香調

前味──巴西花梨木、西西里佛手
　　　柑、柑橘

中味──洋甘菊、向日葵、野玫瑰

後味──白桃、佛羅倫斯鳶尾花、香
　　　草

配方第 11 號

## 頂級女人香

洋甘菊精油 2ml ＋玫瑰原精 0.5ml ＋
沒藥精油 0.5ml ＋玫瑰天竺葵精油
1ml ＋花梨木精油 1ml ＋香水酒精
5ml

　　香水界很愛用玫瑰與洋甘菊的搭配，
凸顯出華貴氣質。的確，洋甘菊多元全面
的美感也只有玫瑰花香才能駕馭，用玫瑰
原精的目的就是希望在前味不用去搶洋甘
菊的光芒，而在中場之後，凸顯出玫瑰飽
和豐富且自信的醇香感，這款配方才顯得
貴氣但不逼人，自信且不誇浮，但是肯定
會給人留下深刻印象並難以忘卻的特殊尊
貴感。

↑洋甘菊的香味不但飽滿且多變，從前味到中味後味，洋甘菊都有很好的且很明顯的表現。

# 玫瑰

## 香水之后絕代風華

中文名稱
玫瑰

英文名稱
Rose

拉丁學名
Rosa damascena

| | |
|---|---|
| 重點字 | 精油之后 |
| 魔法元素 | 水 |
| 觸發能量 | 交際力 |
| 科別 | 薔薇科 |
| 氣味描述 | 香氣複雜豐富，呈現花香系粉香系的頂級感受 |
| 香味類別 | 蜜香／幽香／暖香／粉香／媚香 |
| 萃取方式 | 酯吸 |
| 萃取部位 | 花 |
| 主要成分 | 香茅醇（Citronellol）、橙花醇（Nerol） |
| 香調 | 前—中—後味 |
| 功效關鍵字 | 美白／滋潤／抗老／生理／撫慰／平衡 |
| 刺激度 | 低度刺激性 |
| 保存期限 | 至少保存期兩年 |
| 注意事項 | 酯吸法黏稠度較高 |

終需提到玫瑰的，畢竟它是「精油之后」，當然也是「香水之后」。假如你深深戀上那股精緻、溫暖、豐富多元的花香味，又沈溺於那種極品的奢華滿足感，你一定不能錯過，精油中的頂級華麗風——玫瑰。

大自然的花朵，從有植物株，到長大成熟，經過土壤及空氣、水的滋養，才有一種植物的生成，而玫瑰更是大自然中的傑作，不但花型獨特，香味更是一絕。玫瑰自古以來在人類的歷史中擔任著「愛情代言人」的角色是有其道理的，從埃及豔后，即懂得利用玫瑰花香做為自己掌握權力及男人的一股助力。玫瑰不但具有催情，還有令人折服的本事，它可使思想靈動與純潔，是一種靈性頗高的精油。

玫瑰因為氣味所散發出的偏紅色、粉紅色、粉橘色原精能量，有助於打開心輪及海底輪。將玫瑰精油的香氣，塗抹在手掌及手腕中，可以增加人體的正面氣場，如果你的心輪因哀傷、憤怒而受阻時，所表現出來情緒是憂鬱、陰霾的，感覺能量是枯竭的，有些驚恐、膽小的，可以藉由玫瑰氣味所散發出粉色系的能量，增加自信與增進人際關係的和諧。對於未婚者可以增加異性緣招來好桃花；對於從事媒體、公關、名人、公眾人物來說也可以招攬人氣，受人愛戴。

玫瑰屬於薔薇科落葉灌木，莖上多刺，每一株有五到七枚的複葉小葉，夏天開花清新芳香。玫瑰主要用於提取精油、製作化妝品、烹調、入藥。全世有在提煉玫瑰

↑玫瑰自古以來就是愛情的象徵。

↑粉紅色重瓣是保加利亞玫瑰最明顯的特徵。

精油的品種約有上百種，但目前市場上主流玫瑰精油品種，仍以大馬士革品種為主，花色主要為粉紅色。大馬士革品種的玫瑰目前以保加利亞、法國、土耳其、摩洛哥皆有栽種，精油有脂吸法及蒸餾法兩種萃取方式，萃取自花瓣。

所謂「玫瑰原精」，英文為 ROSE ABS，ABS 是 absolute 的縮寫，專指溶劑萃取法所得的玫瑰精油。通常顏色為黃色、橘色到橘紅色，因為是將整朵玫瑰花用溶劑提取香氣後分離得油，所以才有此色。

所謂「奧圖玫瑰精油」，英文為 ROSE OTTO，奧圖是 otto 的音譯，專指蒸餾法萃

奧圖玫瑰精油 | 3500 公斤的玫瑰花朵才能提煉出 1 公斤的奧圖玫瑰精油，所以產量更稀有珍貴。

取的精油，顏色為淡黃色。超過 3500 倍的萃取比例，也就是 3500 公斤的玫瑰花朵才能提煉出 1 公斤的奧圖玫瑰精油，產量更稀有珍貴。

這兩種玫瑰精油，香氣各有擅場，都可以做為香水的靈感來源，並且搭配出非常多變的香氣配方。

玫瑰香氣溫暖香甜，濃郁而纖細，內斂卻又有不可褻瀆的幽雅氣質，一點也不搶佔你的嗅覺，卻可以打開你全身的神經細胞，舞動你體內的荷爾蒙系統，讓心中沈鬱已久的優質渴望完全展現，可以激發你對美的嚮往與激勵自信。

天然玫瑰精油能給你尊貴與獨特，玫瑰當然是精油香水配方首選。不管你是想表達完美的香氣，還是獻出對愛情無保留的歌頌，甚至只是想略帶傲慢的展現你獨特的個人氣質魅力，玫瑰都是首推的選擇。

## 玫瑰精油做為香水配方的使用時機

† 玫瑰原精（酯吸法）的香味飽滿、多變，適合做為香水配方的主角，加上其他修飾用的精油配角，調配以玫瑰為主題的香水，那就是華麗、性感、完美的女性表徵。

† 奧圖玫瑰（蒸餾法）有極強大的純化與磁場能量，適合與其他同等級的珍貴精油，如檀香、茉莉、桂花……調配頂級能量香水，共同展現人間最極致高貴的香氣享受。

→不管你是想表達完美的香氣，還是獻出對愛情無保留的歌頌，甚至只是想略帶傲慢的展現你獨特的個人氣質魅力，玫瑰精油香水都是首選。

↑假如你深深戀上那股精緻、溫暖、豐富多元的花香味，又沈溺於那種極品的奢華滿足感，你一定不能錯過，精油中的頂級華麗風——玫瑰。

## 玫瑰原精主題精油香水配方

配方　**A**　玫瑰原精1ml＋香水酒精6ml

玫瑰原精的香味以複雜且持久著稱，因此充分的香水酒精稀釋後，並放置足夠的時間，才能把香味展開。這款配方至少要放置一整天才能得到比較均勻且立體的香味呈現。

配方　**B**　配方A＋天竺葵精油1ml

善用「窮人玫瑰」天竺葵，可以把玫瑰花香的綜效發揮得更淋漓盡致，並在前中後味中，都有補強。因此你可以添加至少1ml的天竺葵（最好是玫瑰天竺葵），就可以把香氛效果最大化。

配方第 12 號

### 愛上玫瑰

玫瑰原精 1ml ＋玫瑰天竺葵精油 1ml ＋香水酒精 6ml

如果你想試試奧圖玫瑰的威力，也可以加在這款配方裡。奧圖玫瑰是那種從前味到中味後味，都能保持一貫高水準香氛氣質的超級精油，只要你用得起，它不會讓你失望。

如果你想在這款配方中添加更多的變化，可以參考如下：

✤ 補充檀香，香味與能量都能達到最頂標。
✤ 補充奧圖玫瑰，共同釀造出世間最頂級的玫瑰花香之魂。
✤ 補充小花茉莉，讓精油之王與精油之后共譜皇家尊貴。
✤ 補充花梨木，讓又稱玫瑰木的花梨木也加入玫瑰家族。
✤ 補充薰衣草，可修飾香味更多些變化。
✤ 補充橙花，會提供另一種花系香氛的變化。

## 以玫瑰為配方的知名香水

基本上大多數的香水都會有不同品種的玫瑰精油配方，最知名如香奈爾五號香水，又如 Les Parfums de Rosine La Rose Legere（薔薇輕舞女香）就是以不同的玫瑰香來調配，GUCCI 的「花之舞女性淡香水」也是以玫瑰花香調為主調，柔和了桂花的獨特芬芳，以及檀香為後味的一款獨特魅力香水。

↑你手邊的香水中，有幾種是以玫瑰香為主調呢？

↑玫瑰自古以來在人類的歷史中擔任著「愛情代言人」的角色是有其道理的，從埃及豔后，即懂得利用玫瑰花香做為自己掌握權力及男人的一股助力。

# 茉莉

## 精油之王理性感性兼具

中文名稱
茉莉

英文名稱
Jasmine

拉丁學名
Jasminum officinale

| 重點字 | 精油之王 |
|---|---|
| 魔法元素 | 火 |
| 觸發能量 | 工作耐力 |
| 科別 | 木樨科 |
| 氣味描述 | 清香的前味帶出濃郁的後味，為醇香系的頂級感受 |
| 香味類別 | 蜜香／濃香／粉香／媚香／吲哚香 |
| 萃取方式 | 蒸餾 |
| 萃取部位 | 花 |
| 主要成分 | 乙酸酯、苯甲酸酯、芳樟醇、茉莉內酯 |
| 香調 | 前一中一後味 |
| 功效關鍵字 | 撫慰／滋陰／子宮／壓力／安神 |
| 刺激度 | 低度刺激性 |
| 保存期限 | 至少保存期兩年 |
| 注意事項 | 無 |

「好一朵美麗的茉莉花，芬芳美麗滿枝椏～」當一曲茉莉花的歌聲，伴隨著杜蘭朵公主的歌劇，在西方的歌劇院上大放異彩時，茉莉這種東方味十足的植物，也悄悄的在西方流行起來。茉莉是最早傳到西方的一種植物，在西方看來相當具有東方清雅脫俗的氣質。

茉莉的香味具有提振情緒，帶來歡愉、

助性、催情的作用，給人一種青春的活力。自古以來是東方相當引以為傲的經濟作物，不但融入中國飲茶文化中的茉莉香片，也是許多高級香水中少不了的原料之一。

茉莉因原產於亞洲一帶，由亞洲傳到歐洲時，因土壤氣候的不同，所以衍生出兩種茉莉的品種，其氣味花型有些差異。

Jasminum sambac：原產於亞洲地區，在

↑小花茉莉的香味較為細緻，更具耐人尋味的深度，香味系統較為東方人熟悉；秀英茉莉則花香甜美，較受西方人喜愛。

方種植後的茉莉，因為土壤、氣候、緯度的不同，所生長出來的西方茉莉品種與東方的小花茉莉不同，此種茉莉，花型較大，花也呈白色，又稱為「秀英茉莉」（J. offininale）或「大花茉莉」，主要產在法國與摩洛哥等地。

大花華麗，小花秀氣。小花茉莉的香味較為細緻，更具耐人尋味的深度，香味系統較為東方人熟悉；秀英茉莉則花香甜美，較受西方人喜愛。

茉莉精油可以單方的稀釋發揮來使用，也可以和其他的精油搭配。自從發現它搭配檀香精油，可以製造出另一股很有氣質的香味之後，我也喜歡拿它來與檀香搭配做成按摩油或精油香水！

印度、中國、波斯一代盛產，花呈白色，花型較小，又被稱為「小花茉莉」，氣味芳香宜人，花期長。在亞洲常用其花來製成茉莉花茶，在泰國經常製成茉莉花環呈獻佛教徒的敬意，市面上也有稱為阿拉伯茉莉的也都屬於該品種。

Jasminum officinale：由東方移植到西

## 茉莉精油做為香水配方的使用時機

† 酯吸法茉莉精油有非常複雜的香味，使用時只能用少量比例，讓它能自然舒展開立體的前中後味的香味。

† 茉莉是東方、中國比較熟悉的香味，也

茉莉精油 | 茉莉可以同時表達出性感與理性，溫柔與堅強，這就是會稱它為「精油之王」的原因，因為它是王者的香味。

就是與每個人的記憶都能連結，聞到茉莉花香，眼睛閉起甚至能感受到茉莉花開的畫面，要善用這點，才能使你調配出來的香水有畫面感，你也當之無愧的成為茉莉美人。

† 茉莉可以同時表達出性感與理性，溫柔與堅強，這就是會稱它為「精油之王」的原因，因為它是王者的香味。而玫瑰稱為「精油之后」，顯然玫瑰的母性特質比較強烈些。

## 茉莉主題精油香水配方

| 配方 | **A** | 大花茉莉精油1ml＋香水酒精8ml |

茉莉是一種越稀釋越香的精油，其中最主要的原因就是含有珍貴的「吲哚」。

所以當你用酒精稀釋並放置至少一天後再聞，你會發現它的香味並沒有因此打折扣，反而展現得更好。

| 配方 | **B** | 配方A＋依蘭精油1ml |

接著我們可以再加入些依蘭，在精油的系統中，依蘭和茉莉非常接近，甚至有「窮人的茉莉」的說法。（只是便宜些，不要看低了依蘭！）

用依蘭調香只是希望讓香味多些變化，以不影響原先茉莉的特色香味為主。

配方第 13 號

### 愛上茉莉

大花茉莉精油 1ml ＋ 依蘭精油 1ml ＋
香水酒精 8ml

→茉莉的香味具有提振情緒，帶來歡愉、助性、催情的作用，給人一種青春的活力。

↑大花茉莉有強烈明顯的前味，且能一直保持到中後味，是做為香水配方的首選。

　　大花茉莉有強烈明顯的前味，且能一直保持到中後味，是做為香水配方的首選，也是簡單不容易錯的選擇，當然如果你希望香味再多些變化，可以這樣補充：

✤ 補充甜橙，香味會更甜美一些。
✤ 補充迷迭香，讓香味更中性清新。
✤ 補充廣藿香，香味會多些異國情調並多了些成熟韻味。
✤ 補充天竺葵，能結合多些柔性與暖性花香的變化。
✤ 補充洋甘菊，更有氣質的甜美度。
✤ 補充佛手柑，多些特別的酸香。
✤ 補充羅勒，藥草香會有讓人無法解讀的耐人尋味的趣味性。
✤ 補充沒藥，添加特有的成熟韻味。
✤ 補充岩蘭草，讓香味多帶點土木香的後味。
✤ 補充茴香，可以讓香味多些溫暖的辛香。
✤ 補充馬鞭草，讓香味多些清香與靈活。

## 以茉莉為配方的知名香水

　　CD（克莉絲汀・迪奧）有一款專門以茉莉為名的香水，曾擄獲多少淑女的芳心，許多知名的香水也都有茉莉的配方，其他如 BVLGARI 寶格麗茉莉花香女性淡香水，Anna Sui 紫色安娜蘇女性淡香水，潘海利根－永恆之約女性淡香精……也都有茉莉的成分。

## 補充説明：嗅覺重點與畫面感

　　稍具照相心得的人都知道，同樣一種景色，構圖能不能引起觀賞者的注意，就是有沒有視覺重點。這也就是，為什麼明明是非常漂亮的風景，同樣兩個人去拍，一個人拍得令人拍案驚喜，另一個可以拍得糟蹋美景的原因：構圖。

　　構圖要有重點，也就是畫龍點睛。例如同樣一場黃昏的湖邊美景，兩張拍下來就是不一樣。上圖只是把這個場景拍下來，沒有考慮構圖的重點，下圖則安排了一個點：一個女性的背影。兩個圖的感覺馬上有了極大的差別。

　　因為眼睛會先找一個點「停駐」，才能感受這個畫面，如果沒有給出第一個「點」，眼睛因為一直沒有「停駐」，就很難構成「印象」。

　　這個重點如果沒有，當然是不及格的，如果重點是一個女性，會有一種感覺，如果是兩人牽手，會有另一種感覺，如果是一家人，則是新的感覺……在固定的環境下，光是變換這個重點，就會產生不同的感覺。

　　精油香水的配方也是如此。你所加的配方，就像這個黃昏湖景一樣，一定是美好的，但是如果沒有重點，就沒有印象。

　　你的重點安排可以隨著不同的精油得到不同的感覺，下一次調配精油香水時，建議你先想想，重點精油是哪一個呢？

# Chapter4

## 靈活多變草香系

\* \* \*

草香系列應該算是最靈活多變的香味了，它永遠是最跳的前味，負責氣味的開場與暖場。單聞草香會有些主觀，主觀導致「愛恨分明」，而經過複方調配過的香水配方，就可以佔盡所有便宜，調出皆大歡喜的香味。

草香是很有個性的，其中必須擁有的基本單方是：薄荷、迷迭香、馬鬱蘭。

薄荷與迷迭香屬於正面、開導性的氣味，都能給人強勢的印象，而馬鬱蘭有一種迷離、飄逸的氣質，它的開場也正如同小品音樂一樣的不強勢，但給人深刻印象。

屬於靈活調配時的選擇是：香蜂草、馬鞭草、香茅、快樂鼠尾草。其中如香蜂草及馬鞭草都屬於含有檸檬醛的，也就是帶有檸檬香味的，只是方向不一樣：香蜂草是屬於蜂蜜檸檬的甜美，而馬鞭草是屬於草本檸檬的清爽。

快樂鼠尾草是一種相當有個性的香味，同時它也是很容易「蓋味」的精油氣味，因此也不好駕馭。而香茅由於總是能表達草本標準的「溫暖幫襯」，就像是睡在厚厚的、曬乾的稻草堆上，就成了所有想表達厚度的香水基礎了。

# 薄荷

## 活潑的小精靈

中文名稱
薄荷

英文名稱
Peppermint

拉丁學名
Mentha longifolia

| | |
|---|---|
| 重點字 | 清醒 |
| 魔法元素 | 火 |
| 觸發能量 | 工作耐力 |
| 科別 | 唇形科 |
| 氣味描述 | 清涼穿透開竅，尾味有甜美的草香 |
| 香味類別 | 清香／鮮香／涼香 |
| 萃取方式 | 蒸餾 |
| 萃取部位 | 葉 |
| 主要成分 | 薄荷腦（Menthol）、薄荷酮（Menthone） |
| 香調 | 前—中味 |
| 功效關鍵字 | 清涼／開竅／提神／活潑／正能量 |
| 刺激度 | 中等刺激性 |
| 保存期限 | 至少保存期兩年 |
| 注意事項 | 無 |

　　薄荷應該是香草植物中最熟悉也最常應用的香味了，也是小時候家家戶戶都有的「必備良藥」。白花油中最明顯的就是薄荷香味；讀書考試為了提神使用的綠油精，也就是靠了薄荷做為提神；每天早上起床刷牙的牙膏主要就是薄荷味；口香糖有薄荷；甚至老饕都知道吃羊肉一定要用薄荷醬來配，不但能去掉羊騷味，更有一番風味。

　　不過如果把薄荷香草仔細的研究，還是分得出差別：一般做為各種調味的，是「甜薄荷」，它的氣味簡單的說就是「青箭口香糖」，甜甜涼涼的；另一種在芳療界用的是「藥草薄荷」，它的涼味比甜薄荷還強，更重要的是，它並不具甜味，而是一種獨特的藥草香味，非常細緻。這才

↑芳療界用的是「藥草薄荷」，它的涼味比甜薄荷還強，不具甜味，而是一種獨特的藥草香味，非常細緻。

是我們要的，做為調香用的薄荷。

　　我有一次去峇里島度假時，為了應付炎熱的天氣，隨身帶了一瓶調和好的薄荷按摩油，當我拿出來擦拭時，不用說，同行的朋友立刻聞到了，他們都非常驚訝這種氣味……。

　　「是薄荷嗎？」

　　「是啊。」

　　「可是感覺不像……比薄荷還好聞多了，除了涼味外，還有一種很特別的草香……」

　　同行的友人如此說，那當然啦！藥草薄荷提煉的精油，不像一般外面隨處買得到的一些提神成藥用的是工業薄荷腦原料，這可是一種純正從香草植物中提煉出來的味道，清涼之餘還有淡淡的草香。如果用在香水配方中，就像是個靈活的小精靈般，把嗅覺攪動，給人驚喜。

　　也因為它是屬於輕盈靈動的氣味，非常適合做為前味的開場，打開閉塞的心靈，

薄荷精油　│　中性的香味男女皆適合，且更適合年輕族群，如學生或是剛入社會的白領新人。

在一個熱鬧而人氣十足的場所中，有薄荷的加持，很容易使得你馬上成為眾人的焦點！

### 薄荷精油做為香水配方的使用時機

† 清爽活力的薄荷香味無疑是夏季的最愛。

† 薄荷中性的香味男女皆適合，且更適合年輕族群，如學生或是剛入社會的白領新人。

† 薄荷的去味性很強，社會新鮮人難免要東跑西跑，甚至以機車代步，想要遮蔽身上的機車味、汗味，都可以用薄荷成分的輕香水。

† 如果使用薄荷做為香水配方，就要避免厚重的香味，例如土木香的廣藿香、岩蘭草，厚重木味的檜木，或是薑、黑胡椒這類的香系，以免不搭配。但是與全部的草香系、清爽系列的香味，如冷杉、松針、花梨木，或是有甜味的果香系都會很合。

† 薄荷的揮發性太強，使用時要避免眼部以及接觸到身體敏感部位。

### 薄荷主題精油香水配方

| 配方 | A | 薄荷精油1ml＋香水酒精6ml |

用香水酒精把薄荷的香味延展開來，還是有其立體感的，可以好好感受一下薄荷的清涼感，這在香水界來說，就是「海洋系」、「水系」、「清涼系」的香味系統，所以你也可以利用這個機會，把薄荷的香味好好記憶一番。

| 配方 | B | 配方A＋迷迭香精油1ml＋香茅精油1ml＋茶樹精油1ml |

←薄荷應該是香草植物中最熟悉也最常應用的香味了，也是小時候家家戶戶都有的「必備良藥」。

115

光是清涼水香會太薄弱，所以以清香系為主題，加以調配。注意因為是走的清新水香系路線的淡香水，所以沒有考慮前中後味的完整，這款配方中，中後味非常弱，因此持久性不足。

荷只要一點都可以展現出它那獨特的清涼，唯一有厚度的是香茅，其他都是在裝飾薄荷的清新，讓它不那麼單調。所以如果你還想調整，可以這樣做：

❖ 補充果類精油，提供果類的新鮮果香與酸香。

❖ 補充絲柏或松針，可以變得更中性也更運動風。

❖ 補充馬鬱蘭，香味會有些深度氣質。

❖ 補充岩蘭草，增加後味與留香度。

❖ 補充丁香，讓香味更有意境耐人尋味。

❖ 補充芳樟葉，變得更陽光與張揚。

❖ 補充冬青木，海洋感更強烈。

❖ 補充冷杉，香味會更透明清澈。

配方第 14 號

## 愛上薄荷

薄荷精油 1ml ＋迷迭香精油 1ml ＋
香茅精油 1ml ＋茶樹精油 1ml ＋
香水酒精 6ml

這是一款走清新風的淡香水，適合運動前後，立刻給人清新感的複雜香味。薄

↑薄荷除了清涼之餘還有淡淡的草香，如果用在香水配方中，就像是個靈活的小精靈般，把嗅覺攪動，給人驚喜。

↑薄荷屬於輕盈靈動的氣味，非常適合做為前味的開場，打開閉塞的心靈。

❖ 補充雪松，也有定香的後味效果。

## 以薄荷為配方的知名香水

大多數夏日男性或中性香水，以及許多運動或戶外休閒香水，如 CK be 中性淡香水，Gaultier Le Male 高堤耶裸男男性淡香水，YSL LIVE JAZZ 生活爵士男性淡香水，Adidas Sport Field 愛迪達能量塑型運動男性淡香水。

### KENZO
### 水之戀香水筆

是一款描述香氣有如清澈如水的晶瑩，自然會採取薄荷為素材之一。

香調──水生花香調
前味──水生薄荷、柑橘、綠丁香、蘆葦莖
中味──小茉莉、白桃、石蒜、百合
後味──香子蘭莢、藍柏木、麝香花

↑薄荷做為精油的種類也不少，而且每種功效也不太相同。

# 香蜂草
## 完美的蜂蜜檸檬花香

中文名稱
香蜂草
英文名稱
Melissa
拉丁學名
Melissa officinalis

| | |
|---|---|
| 重點字 | 靈活 |
| 魔法元素 | 金 |
| 觸發能量 | 溝通力 |
| 科別 | 紫蘇科 |
| 氣味描述 | 輕靈的蜜花香帶著芬芳的檸檬清新味 |
| 香味類別 | 甜香／酸香 |
| 萃取方式 | 蒸餾 |
| 萃取部位 | 花葉全株 |
| 主要成分 | 檸檬醛、香茅醛、香葉醇 |
| 香調 | 前一中味 |
| 功效關鍵字 | 靈活／活化／精靈／蜜蜂／創意 |
| 刺激度 | 中度刺激性 |
| 保存期限 | 至少保存期兩年 |
| 注意事項 | 無 |

　　又稱為蜂蜜草的香蜂草，光從名字上就可以知道，它是甜蜜蜜的氣味，說得更直接一點，就是檸檬蜂蜜的氣味。清香與甜蜜，是給人最直接的印象；年輕與活潑，則是它表達出的訊息，所以這是一種特別適合「美眉」的香氣。

　　適合做為香水配方的香蜂草與芳療用的香蜂草精油，其實是不同的來源，標榜正科的香蜂草精油在英文標示中會註明「True」，這可是 10ml 要上萬元的香蜂草花精油，我們所建議你使用的是另一種。

　　有兩種類似的精油值得你做好區分：香蜂草與檸檬香茅，雖然這是兩種完全不同的品種，對於初學者來說往往搞不清楚，也難怪某些芳療師會非常緊張的要使用者注意區分，其實這兩種在氣味上，有非常

↑香蜂草是甜蜜蜜的氣味，也是檸檬蜂蜜的氣味，清香與甜蜜，是給人最直接的印象，年輕與活潑，則是它表達的訊息，所以這是一種特別適合「美眉」的香氣。

明顯的差異：

　　雖然同樣都有檸檬的香味，香蜂草更甜蜜一些；而檸檬香茅的草味更重許多。只要能認清這兩種主要的差異，你不但能區分，同時更能熟練的運用在調香上。

　　香蜂草是招蜂引蝶的氣味，是傳染快樂活潑的氣味，也是分享喜悅的氣味，雖然如此，它並不引人厭煩或是過度招嫉，而是給人大方開朗的印象。我非常喜歡用香蜂草表達一種清新而親暱的氛圍，在花

草類精油中，它也很適合與大多數的精油搭配。

　　香蜂草很適合年輕的女性，或是說，它很能給人一種「年輕」表達力，光就這個理由，它當然是你的最愛囉！

### 香蜂草精油做為香水配方的使用時機

† 香蜂草的香味能充分表達戀愛中的感覺，　所以如果你想充分表達你的心情與戀愛

香蜂草精油　｜　是招蜂引蝶的氣味，是傳染快樂活潑的氣味，也是分享喜悅的氣味。

的感覺，香蜂草是聰明的選擇。

† 說到聰明，香蜂草的靈活氛圍也能凸顯你的思緒與創意，做為年輕女性如果想給人你很有思想與創意，就可以用香蜂草表達出來。

† 在約會時使用香蜂草的配方，彷彿告訴對方：我會給你機會，但是你要抓得住我。

### 香蜂草主題精油香水配方

| 配方 | A | 香蜂草精油2ml＋<br>香水酒精6ml |
|---|---|---|

香蜂草有足夠清楚的蜂蜜花香及檸檬酸香，用香水酒精稀釋後，你可以先充分的感受並記憶這種甜香酸香結合的感覺。

| 配方 | B | 配方A＋茴香精油1ml＋<br>廣藿香精油1ml |
|---|---|---|

這款配方不會干擾原來香蜂草的主風格，又加入兩個新元素：茴香的辛香味，以及廣藿香的藥草香味，變成四種迥異而互溶的香系，酸甜苦辣，百味雜陳。

配方第 15 號

## 愛上香蜂草

香蜂草精油 2ml ＋茴香精油 1ml ＋廣藿香精油 1ml ＋香水酒精 6ml

這是款很有趣的配方，充滿了曲折，這就是我所說的能讓人聞到後一再回味甚至一再思考的香味，因為給人一種不確定感，反倒使人回味。

想要在這款「人生的配方」中再加點料，表達出更多你的創意嗎？

✣ 補充甜橙，讓它更單純的快樂些。

✣ 補充羅勒，讓它多些知性與客觀。

✣ 補充薰衣草，讓氣味不那麼強勁而更柔性訴求。

✣ 補充茶樹，苦澀感更重，多了些咄咄逼人。

✣ 補充乳香，溫柔的後味，美好的結局。

✣ 補充檜木，強大而堅實的靠山，可以一改這些小曲折給人康莊大道的感覺。

✣ 補充香茅，做個整體的香氣打底。

✣ 補充依蘭，把整個調性拉成柔情調。

✣ 補充安息香，香味會變得舒服而美好。

✣ 補充苦橙葉，香味會有很好的改善。

✣ 補充花梨木，香味會變得比較隨和。

↑薄荷與香蜂草不但外型接近，也都適合入茶飲品嘗。

# 快樂鼠尾草
## 鮮明強勁有個性

中文名稱
快樂鼠尾草
英文名稱
Clary Sage
拉丁學名
Salvia sclarea

| 重點字 | 子宮 |
|---|---|
| 魔法元素 | 天 |
| 觸發能量 | 意志力 |
| 科別 | 唇形科 |
| 氣味描述 | 強烈鮮明的藥草氣息又帶點堅果香 |
| 香味類別 | 藥香／迷香 |
| 萃取方式 | 蒸餾法 |
| 萃取部位 | 葉全株 |
| 主要成分 | 乙酸沉香酯（Linalyl acetate）、沉香醇（Linalool） |
| 香調 | 前—中—後味 |
| 功效關鍵字 | 強烈／生理／活化／護髮 |
| 刺激度 | 強度刺激性 |
| 保存期限 | 至少保存期兩年 |
| 注意事項 | 氣味強烈，低潮、飲酒時容易被影響，腫瘤患者避免，蠶豆症患者不宜 |

　　快樂鼠尾草是一種氣味強勁鮮明的特殊香味，如果要拿捏得當，一定要親自聞過之後，再來決定要怎麼用。

　　做為調香師，你必須保持客觀，以下是對快樂鼠尾草的使用建議：

　　它的氣味非常「頑固」，無論配方多淡，你一定能聞出它，所以這是一種能量十足的植物精油，它是一種厚厚的草味，稀釋後會轉化成一種平衡而溫實的中味。我看過喜歡它的人一旦聞到後，臉上會露出很陶醉的表情。

　　它是一種「會牽動情緒」的氣味，更重要的是，它是一種「能給人留下深刻印象，不可能忘記」的氣味。如果你想找尋的配方是屬於這個方向的，不妨試試快樂鼠尾草。

↑快樂鼠尾草是屬於極度自由與自然的香味,所以如果是去郊外、大自然,可以用來調配有野趣氛圍的運動香水。

聰明的精油調香師要懂得借力使力,正因為它的氣味既明顯又給人深刻印象,所以適時的在配方中加入一點「適量」的快樂鼠尾草,立刻可以變出一種「每個人都好奇並被牽動思緒」的特殊複方氣味。快樂鼠尾草的氣味會給人「很陌生又很熟悉,很想表達反應卻又不知道該說什麼」的特點,正是精油調香的目的之一:給人印象。同時,稀釋後的鼠尾草已經不會給人太強烈的訊息了,驚嘆號變成問號,成了一種趣味。

我曾經成功的把它和果類精油調在一起,轉化果類單純的甜香味變成帶有謎樣氣質的婉轉,也曾調在一些「怪咖」,也

快樂鼠尾草精油 | 氣味非常「頑固」,無論配方多淡,一定能聞出它,所以這是一種能量十足的植物精油,它是一種厚厚的草味,稀釋後會轉化成一種平衡而溫實的中味。

就是另外一些具有自己特色的精油，而成為一種幾乎是新創的獨特香味，只要你具有一定的調香實力，快樂鼠尾草一定會成為你的秘密武器！

## 快樂鼠尾草精油做為香水配方的使用時機

† 快樂鼠尾草可以協助你調配非常有個性的香味，保證與眾不同。

† 做為草香系的掌門人，快樂鼠尾草搭配其他草類精油，可以搭配出草香掛帥的清爽活力型香水。

† 如果去夜店或菸酒聲色場所，請勿使用快樂鼠尾草，因為它的氣味容易引起成癮者的激烈反應。但如果你正在戒除某種成癮，適當的使用快樂鼠尾草，可以協助減輕戒癮時的壓力。

† 快樂鼠尾草是屬於極度自由與自然的香味，所以如果是去郊外、大自然，可以用來調配有野趣氛圍的運動香水。

† 如果你是快樂鼠尾草的愛好者，可以用來表現自我，同時觀察其他人對此的反應與喜惡。

## 快樂鼠尾草主題精油香水配方

| 配方 | A | 快樂鼠尾草精油2ml＋香水酒精6ml |

最好你能先聞聞純的快樂鼠尾草香味，再來比較用香水酒精稀釋過的香味，才能發現，當快樂鼠尾草稀釋後的差別在哪裡？

單純溫順二詞不足以形容，這是一種令人心平氣和的迷人草香，你會發現用酒精稀釋校調過，可以在香味擴散出來時變得舒緩不搶，接受度更高，此法也適用任何強勁氣味的精油。

| 配方 | B | 配方A＋迷迭香精油1ml＋絲柏精油1ml |

迷迭香是草香味最好的輔助，絲柏是最乾淨的木香味，同樣也是輔助，共同讓

↑快樂鼠尾草是一種「會牽動情緒」的氣味，更重要的是，它是一種「能給人留下深刻印象，不可能忘記」的氣味。

快樂鼠尾草的主角光環發揮得更出眾些，並鋪墊些微的變化與協奏，讓香味不會太單調。和配方 A 比起來，香味調整輕微但又有加分效果。

## 愛上快樂鼠尾草

快樂鼠尾草精油 2ml ＋迷迭香精油 1ml ＋絲柏精油 1ml ＋香水酒精 6ml

這可以是很好的中性香水，經過更多的配方補充，要調整成男用或女用或維持中性香水都可以。

✤ 補 1ml 的香水酒精，讓它香味更淡雅些。

✤ 補充薰衣草，香味會更大方一些，也多些變化。

✤ 補充檸檬，添增活潑氣息。

✤ 補充苦橙葉，多強調些酸香味。

✤ 補充乳香，後味會更持久且更有深度。

✤ 補充果類精油，增加陽光感，可以讓香味更受歡迎。

✤ 補充雪松，香氣會更飽和，是不錯的男性香水。

✤ 補充依蘭，增加燦爛花香，是不錯的女

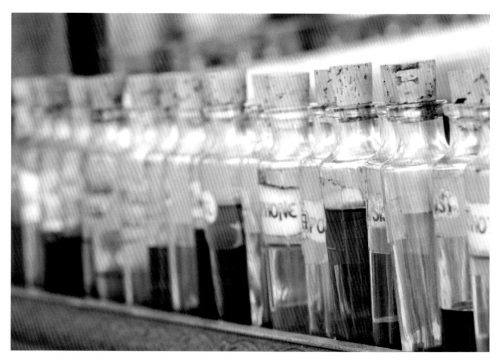

↑ 調製精油香水最大的好處是，你可以隨心所欲地補充你喜歡的配方。

性香水。

✤ 補充尤加利，這也是中性香水或是做為
運動香水。

✤ 補充香蜂草，香味會更迷人且靈活，這
就會是草香系的經典配方！

✤ 補充羅勒，香味會多些書卷味，有乖乖
女或是文青的 feel。

✤ 補充玫瑰天竺葵，讓這款香水變得更迷
人嫵媚。

✤ 補充岩蘭草，改善原先後味的不足，並
維持草香與土木香的基調。

✤ 補充馬鬱蘭，讓氣味更迷惑人，這也是
另一種草香系的經典。

✤ 補充芳樟葉，氣味變化性更強，敏感者
可能會頭暈。

✤ 補充杜松莓，增加中性的緩衝，以及不
慍不火的中味。

✤ 補充廣藿香，能補強中味及後味，並在
後味給人熟悉感。

✤ 補充安息香，增加香草般的甜美感。

✤ 補充丁香，增加澀香與辛香味，會讓配
方更有些深度。

✤ 補充沒藥，增加甜美的藥草香。

## 以快樂鼠尾草為配方的知名香水

多半為訴求個性與自我的男性香水，
如 Davidoff Champion 王者風範男性淡香水，
Paco Rabanne Black XS 黑騎士男性淡香水。

↑做為草香系的掌門人，快樂鼠尾草搭配其他草
類精油，可以搭配出草香掛帥的清爽活力型香
水。

Davidoff Champion
王者風範男性淡香水

以啞鈴的瓶身造型呈現獨一無二的品味訴求。

香調──清新木質調
前味──佛手柑、檸檬
中味──白松香精油、快樂鼠尾草
後味──雪松、橡苔

# 馬鬱蘭

## 最佳女配角

中文名稱
**馬鬱蘭**

英文名稱
Majoram

拉丁學名
Origanum majorana

| | |
|---|---|
| 重點字 | 放鬆 |
| 魔法元素 | 火 |
| 觸發能量 | 工作耐力 |
| 科別 | 紫蘇科 |
| 氣味描述 | 溫和中帶有穿透的草香味 |
| 香味類別 | 辛香／迷香 |
| 萃取方式 | 蒸餾 |
| 萃取部位 | 葉全株 |
| 主要成分 | 松油烯、香檜烯、側柏醇 |
| 香調 | 前一中味 |
| 功效關鍵字 | 驅蚊／鎮定／消炎／更年期／安撫 |
| 刺激度 | 中等度刺激性 |
| 保存期限 | 至少保存期兩年 |
| 注意事項 | 蠶豆症患者不宜 |

　　有人形容它是一種「麻麻的草香味」，通俗而貼切，馬鬱蘭又稱為馬嬌蘭、馬喬蘭，這些只不過是英文翻譯的音譯問題，這是一種親切可愛的植物，如果你想找一種能充分表達細緻草香的精油，馬鬱蘭就是很好的選擇。

　　馬鬱蘭很適合做為前味，因為它的氣味夠輕，也能勾引起後面的中味及後味。

　　如果你希望在它的味道中加點甜味，可以用果系的如甜橙、檸檬、葡萄柚等，都可以變成一種有特色的前味。又如果你想增加些前味的輕靈與特殊，和其他的草類精油搭配如迷迭香、薄荷、甚至檸檬香茅……都能有各自不同的氣味屬性。

　　我曾試過用輕鬆的木味——冷杉來搭配，做成一種很適合男性的香水前味，夠

Man，也夠細心，像是一個有氣質的紳士。

馬鬱蘭是安神鎮定方向的氣味系，在芳療上有紓壓平衡的目的，也因為植物本身的屬性也有抗菌消毒方面的生理功能，算是男女皆宜，主觀並不強烈，所以不宜做為主要氣味，我所知道的調香配方中，不會特別拿它做為主角。但是它有修飾甚至改變其他精油香味的能力，在搭配上，也能與絕大多數的精油搭配而不衝突。

↑馬鬱蘭是安神鎮定方向的氣味系，在芳療上有紓壓平衡的目的，也因為植物本身的屬性也有抗菌消毒方面的生理功能，算是男女皆宜，主觀並不強烈，所以不宜做為主要氣味。

## 馬鬱蘭精油做為香水配方的使用時機

† 馬鬱蘭可以視為「乖乖的」香味，或是「書卷香」，你可以想見，如果要有文靜氣質香味的香水，馬鬱蘭搭配一些草香／果香／木香非常推薦。

† 如果在性感類的配方中加入馬鬱蘭，又可以把性感與野性煞車，收斂一些，變成比較中性的香水。

† 馬鬱蘭適合比較不喧鬧的場所使用，也適合做為與人會議、提案、面試時的禮貌香水。

† 例如金融業、文創業、設計業等智慧型工作者，可以用馬鬱蘭提供可信任的氛圍。

## 馬鬱蘭主題精油香水配方

| 配方 | A | 馬鬱蘭精油2ml＋<br>香水酒精6ml |
|---|---|---|

馬鬱蘭的主香味是清晰的百草香，你可以把它和迷迭香做一個比較，同樣是百草香，兩者還是有不同。（香味的不同必須實際的同時聞香比較，你的大腦才能有定位，用言詞是形容不出來的。）

馬鬱蘭精油　｜　很適合做為前味，因為它的氣味夠輕，也能勾引起後面的中味及後味。

| 配方 | **B** | 配方A＋薰衣草精油1ml＋<br>茶樹精油1ml |

當然你也可以用迷迭香做為配方，發揮更完整的草香系，但我們選擇茶樹做為理性的輔佐，也是希望更能凸顯馬鬱蘭的獨特性，其實是和茶樹的高理性香味更接近，同時也能帶來安全感。薰衣草則是添加一些柔情與浪漫，讓它像個香水，這種搭配就是前面所說的，適合理性與智慧型工作者的氣質香水。

配方第 17 號

### 愛上馬鬱蘭

馬鬱蘭精油 2ml ＋薰衣草精油 1ml ＋
茶樹精油 1ml ＋香水酒精 6ml

這種香水的特點在於：它不像是香水，倒像是種「氣質」。絕大多數的人只會覺得你很「特別」，有種說不出來的「氣質」，特別理性與智慧，「一看就是聰明人」，其實他是被你的馬鬱蘭配方展現出的精明幹練給洗腦了。如果你希望再修改調整這款配方，可以：

✤ 補充薄荷，讓香味更靈活也更輕鬆些。
✤ 補充葡萄柚，增加可親性讓人更好相處。
✤ 補充茉莉，柔情度立刻升級。
✤ 補充苦橙葉，多強調些果香與酸香味。
✤ 補充冷杉或松針，是不錯的中性香水。
✤ 補充香蜂草，香味會更迷人且靈活，讓

↑馬鬱蘭可以視為「乖乖的」香味，或是「書卷香」，如果要有文靜氣質香味的香水，馬鬱蘭搭配一些草香／果香／木香非常推薦。

你多些創意！
✤ 補充安息香，把後味更充實些香味比較完整。
✤ 補充冷杉，可把理智路線做得更完美。
✤ 補充沒藥，也是不錯的後味選擇，並讓前味多些人情味。
✤ 補充檜木，多些深厚的木香味與厚度帶來更多大自然的聯想。

### 以馬鬱蘭為配方的知名香水

Perfume

The Burren Botanicals
Autumn Harvest（秋天的收穫）
香水

使用馬鬱蘭、黑莓、苔蘚、杜松做為配方，展現秋意。

# 馬鞭草
## 不一樣的檸檬香

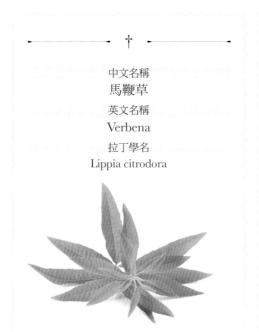

| | |
|---|---|
| 中文名稱 | |
| 馬鞭草 | |
| 英文名稱 | |
| Verbena | |
| 拉丁學名 | |
| Lippia citrodora | |

| | |
|---|---|
| 重點字 | 創意 |
| 魔法元素 | 水 |
| 觸發能量 | 交際力 |
| 科別 | 馬鞭草科 |
| 氣味描述 | 有檸檬的清香與草的優雅 |
| 香味類別 | 清香／酸香／鮮香 |
| 萃取方式 | 蒸餾法 |
| 萃取部位 | 葉 |
| 主要成分 | 牻牛兒醇、芫荽油醇、橙花醇、檸檬醛 |
| 香調 | 前一中味 |
| 功效關鍵字 | 迷人／信心／品味／護髮／活化／氣質 |
| 刺激度 | 略高度刺激性 |
| 保存期限 | 至少保存期兩年 |
| 注意事項 | 蠶豆症患者不宜 |

馬鞭草在芳療精油中就是所謂「檸檬馬鞭草」，是檸檬系列香味的三種香草植物之一，這三種分別是：檸檬香茅、香蜂草、馬鞭草。

檸檬香茅的檸檬味，多帶了些香茅的草味；香蜂草的檸檬味，多帶了些蜂蜜的甜味；而馬鞭草的檸檬味，則多帶了些辣味的質感，風格又是不同。

雖然原產地是南美洲，這種紫色的花深受歐洲人的喜愛，不但在花草茶的配方中找得到馬鞭草，在知名品牌的香水中也有它的存在。馬鞭草是調香師的秘方，因為它在檸檬系列中的香味獨具一格，所以可以讓人同時感受到檸檬的清香，但卻有些差距，因而摸不著這種神秘的配方到底是什麼。

馬鞭草由於還有足夠的抗菌性，在芳療中也應用於皮膚問題的處理，例如發炎、

↑馬鞭草的原產地是南美洲，這種紫色的花深受歐洲人的喜愛，不但在花草茶的配方中找得到馬鞭草，在知名品牌的香水中也有它的存在。

## 馬鞭草精油做為香水配方的使用時機

† 馬鞭草常用於中性男女皆宜的香水，做為前味到中味的鋪陳。

† 較為適合年輕女性使用，或者你就是想用香水裝萌。

† 馬鞭草很適合引起別人的好奇，因為它的香味讓人熟悉卻又陌生，酸甜香又有檸檬的新鮮。

† 馬鞭草的草味的根本使得你很「接地氣」，也就是可親感，一般給人狡頡靈活的感覺。

† 因為馬鞭草也常用於許多手工皂、洗髮精的香味來源，所以馬鞭草的香味也給人乾淨清爽的印象。

痘痘、粉刺等，所以做為香水配方時，對你有一定的抗菌能力，但也不能因此就高濃度大面積的直接接觸皮膚。

做為香水配方，前味或是中味都很適合，我個人很喜歡拿來與天竺葵搭配，後味通常會放些安息香，這種酸甜中帶有暖意的氣味，是很合適的秋冬香型，當然還要有其他的配方，可以構成更多元的組合。

或是刻意做成檸檬主調的香水時，把這幾種檸檬系列的精油經過你喜歡的比例調配組合，也能刻意製造出清雅親切卻又帶點神秘變化的香水。有時我會加點廣藿香或岩蘭草，讓它更神秘些，也更耐人尋味些。

## 馬鞭草主題精油香水配方

| 配方 | A | 馬鞭草精油2ml＋香水酒精6ml |
| --- | --- | --- |

馬鞭草盡可能要與你手邊檸檬香系列的精油做比較，掌握差異，如：檸檬、檸檬香茅、香蜂草、萊姆、山雞椒。

這些都是酸香系或是帶有檸檬醛成分的精油，了解差異並做筆記，有助於以後你做香水配方時的調配。

馬鞭草精油 ｜ 馬鞭草常用於中性男女皆宜的香水，做為前味到中味的鋪陳。

134

配方 | B | 配方A＋迷迭香精油1ml＋冷杉精油1ml

迷迭香與冷杉都是很好的輔助香，可以提供不錯的前味與中味，不會混淆主香系，並給客觀的香味延續。

配方第 18 號

## 愛上馬鞭草

馬鞭草精油 2ml ＋迷迭香精油 1ml ＋冷杉精油 1ml ＋香水酒精 6ml

馬鞭草有著特意獨行的專屬香味，做為主題香水當然有其獨特的魅力，如果你希望再調配些精油補強其不足，或是做些修飾，以下是給你的建議：

✤ 補充薰衣草，可以增加香味的甜美度。
✤ 補充甜橙，增加快樂的氣息。
✤ 補充乳香，後味會更持久且更有深度。
✤ 補充香茅精油，香味會更飽和且有中味後味。
✤ 補充雪松，同時補充了甜度，以及更清楚的中性香水定義，男女皆宜。
✤ 補充依蘭，適合臥房氛圍與夜生活。
✤ 補充尤加利，這也是中性香水還適合做運動香水。
✤ 補充肉桂，會讓香味更成熟些，也更有溫度。
✤ 補充玫瑰天竺葵，讓這款香水變得更迷人嫵媚。
✤ 補充岩蘭草，讓後味不會太甜。

✤ 補充馬鬱蘭，讓氣味更迷惑人。

### 以馬鞭草為配方的知名香水

 **Perfume**　ck one summer 2011
夏季派對限量版中性淡香水

香調——清新柑橘調
前味——水蕨、哈密瓜、柑橘
中味——大黃根、小蒼蘭、海風、馬鞭草、檸檬
後味——桃皮香氣、雪松木、焚香木、麝香

 **Perfume**　Issey Miyake
三宅一生一生之水男性淡香水

香調——木質清新調
前味——南歐丹蔘、柑桔、柏樹、香木緣、馬鞭草、莞荽
中味——老鶴草、肉桂皮、番紅花、藍水百合、荳蔻
後味——中國柏樹、印度檀香、海地岩蘭草、琥珀煙草、麝香

# 香茅

## 喚起濃郁的草根記憶

中文名稱
香茅

英文名稱
Citronella

拉丁學名
Cymbopogon winterianus

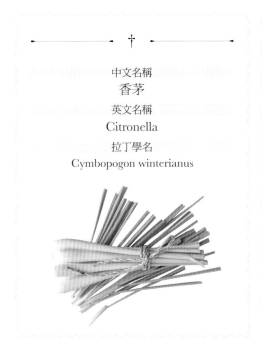

| | |
|---|---|
| 重點字 | 端午 |
| 魔法元素 | 地 |
| 觸發能量 | 體力 |
| 科別 | 禾本科 |
| 氣味描述 | 清香帶著厚重的茅草味 |
| 香味類別 | 刺香／鮮香 |
| 萃取方式 | 蒸餾 |
| 萃取部位 | 葉 |
| 主要成分 | 香茅醛（Citronellal）、橙花醇（Nerol） |
| 香調 | 前一中味 |
| 功效關鍵字 | 除蟲／香水／避邪／清新 |
| 刺激度 | 中等度刺激性 |
| 保存期限 | 至少保存期兩年 |
| 注意事項 | 無 |

　　厚重而濃郁，溫暖帶草香，可以重新喚回那種鄉間睡在一大疊稻草上的感覺。香茅可以說是草類代表性的香味，就算不熟悉鄉村生活的都市人，也可以從中找到一點潛意識中的本土味。

　　香茅（又稱香水茅）中富含的香茅醇算是很多香水基礎的成分，因為它有足夠的中味甚至後味，所以做為香味的基礎香調是很合適的。不過如果你想在它濃郁厚重的草味中殺出獨特的香調，就要花一些巧思了。

　　往溫暖系列帶，可以用甜香類的如安息香、依蘭、天竺葵等配方，往清爽去走，就要用冷杉、松針，甚至薄荷來調，用廣藿香或是岩蘭草可以更往土裡鑽，給人厚厚沈沈的土木香調。

　　如果你還有記憶，小時候家裡每次過端午節時還會洗「雄黃藥草浴」，配方之

一就是香茅草,而香茅本身的前味就會帶著這種濃濃厚厚的藥草味,給你安全與小時候那種很簡單的生活情趣。

對於精油入門者來說,香茅是那種「便宜又大碗」的精油選擇,因為它的價格不貴,氣味卻是強勁,且還很容易和其他精油搭配,做為香水的基礎,拿來撐場面挺不錯的。

香茅同時也是東南亞一帶的代表性植物,所以如果你想調出一種東南亞風格(例如你佈置一個普吉島度假天堂的 SPA 會所),那用點香茅,可以很快的讓人感受到東南亞那種慵懶安逸,陽光普照的氛圍。

### 香茅精油做為香水配方的使用時機

† 說得直接一點,香茅因為價格便宜,香

味持久又有厚度,和許多精油的香味都搭配,所以一直都是香水配方中的「群眾演員」:也就是都少不了它,從來不是主角,可以烘托出主角光環。

† 香茅的香味是溫暖的茅草香這使得它和大多數的精油都合,香味的厚度又可以延長香氣時間,與緩解「太尖銳」的香味。

† 畢竟香茅只是群眾演員不是主角,所以調配精油香水配方時,不宜太多,失去特質。

### 香茅主題精油香水配方

| 配方 | A | 香茅2ml+香水酒精3ml |
|---|---|---|

香茅精油大量的用在香水配方中,所以也稱為香水茅,因為它就像是電影中的群眾演員一樣,從來不是主角,但是一定需要。

配方 A 先讓你認識一下香茅這個「群眾演員」的香味,濃郁、厚實的草香,帶點溫暖,所以很適合打底,因為它的前中後味都有,就

←香茅的香味是溫暖的茅草香,和大多數的精油都合,其香味的厚度可以延長香氣時間與緩解「太尖銳」的香味。

香茅精油

對入門者來說,香茅是「便宜又大碗」的精油選擇,因為價格不貴,氣味卻很強勁,且很容易和其他精油搭配,做為香水的基礎,拿來撐場面是挺不錯的。

像群眾演員一樣，可以讓香水配方「熱鬧」一些。

| 配方 | **B** | 配方A＋岩蘭草1ml＋<br>迷迭香1ml＋香水酒精3ml |

　　我們就用岩蘭草和迷迭香這兩種夾擊香茅，然後再多用些酒精做稀釋，這時香味又有了新的變化。岩蘭草是標準的泥土香，因此你的香茅草香就接了地氣；迷迭香是清靈的草香，又讓香茅味增加高度；再多用些酒精，你會發現這種淡淡的又多變的草香，好聞極了。它會讓你的居家氛圍多了自然清新感，就像是整齊修剪過的草坪一樣（不是雜草叢生），自然放鬆而有序。

配方第 19 號

## 愛上香茅

香茅精油 2ml ＋岩蘭草 1ml ＋迷迭香 1ml ＋香水酒精 6ml

　　香茅本來就是做為底香用，所以你只要先單獨了解其香味特徵之後，再來思考可以搭配什麼精油，做出變化。以上的配方可以展開香茅原本厚重的草香味，其實也是不錯的生活空間香氛，有著基本茅草香，像是塌塌米的香味，也像是東南亞茅草小屋的氛圍。不過，要是能再搭配些精油配方，當然更讚。

✤ 補充迷迭香，清爽宜人。

↑香茅中富含的香茅醇算是很多香水基礎的成分，因為它有足夠的中味甚至後味，所以很適合做為香味的基礎香調。

✤ 補充薄荷，變成熱帶南洋海洋風。

✤ 補充依蘭，有著熱情與性感。

✤ 補充尤加利，有著草香與葉香的美好混合。

✤ 補充苦橙葉，是很標準的生活香水配方。

✤ 補充安息香，後味會香甜而持久，且更有深度。

✤ 補充果類精油，可以讓香味更受歡迎。

✤ 補充絲柏，香味會變得清新。

✤ 補充茶樹，殺菌的功效加上香茅驅蟲的功效會更實用。

✤ 補充佛手柑，會讓香味多一些氣質。

✤ 補充花梨木，香味會變得多元多變。

✤ 補充快樂鼠尾草，香味很有特色。

✤ 補充丁香，凸顯出藥香味與辛香味。

✤ 補充薑，適合冬天提供暖意。

# 迷迭香

## 清澈明亮的海之朝露

中文名稱
迷迭香
英文名稱
Rosemary
拉丁學名
Rosmarinus officinalis

| 重點字 | 集中 |
|---|---|
| 魔法元素 | 火 |
| 觸發能量 | 工作耐力 |
| 科別 | 唇形科 |
| 氣味描述 | 清新、具有穿透力，標準的草清香 |
| 香味類別 | 清香／柔香／迷香 |
| 萃取方式 | 蒸餾 |
| 萃取部位 | 草全株，花 |
| 主要成分 | α-蒎烯（α-Pinene）、桉油醇（Eucalyptol）、樟腦（Camphor） |
| 香調 | 前─中味 |
| 功效關鍵字 | 記憶力／精神／開導／積極／抗菌／解勞 |
| 刺激度 | 中等刺激性 |
| 保存期限 | 至少保存期兩年 |
| 注意事項 | 蠶豆症患者不宜 |

　　迷迭香的知名度其實不亞於薰衣草，應用的廣度也是如此。其實我是這樣的看他們：薰衣草會是所有偏陰性使用方向的入手精油，而迷迭香則是所有偏陽性使用方向的入手精油。

　　乾淨標準的草香味，某些品種的迷迭香甚至在後味中會帶點花香味，迷迭香可以使用清澈直接的感受到它的氣味，同時

也能影響人的思緒集中，這點對於想調出一種讓人注意你的香水來說，迷迭香是不可少的配方。

　　用「清澈」來形容迷迭香是個不錯的詞，揮發性高讓它成為很好的前味，可以順利帶出其他調配精油的氣味。在地中海一帶，迷迭香是種非常普及且受歡迎的香草植物，從日常料理飲食到高檔的貴族香

↑迷迭香很適合做為居家生活香水的主香調，它
　除了代表了活力與朝氣之外，也提供健康殺菌
　的氛圍。

水，迷迭香總是能提供那受歡迎又開朗的
香味。

　　歷史上迷迭香的應用也不勝枚舉，最
有名的例子是當歐洲黑死病肆虐時，人們
發現迷迭香這些香草植物的種植農人，似
乎較不受影響，於是在人群往來的路口市
集，堆積並燃燒起迷迭香乾草堆，並希望
能驅走「瘟神」。似乎，迷迭香有抗菌消
毒的功用，也能給人帶來安全感。

　　迷迭香有足夠的西方文明與歷史的結
合背景，這些因素提醒你若想調配出有些
「地中海氣質」的香水，迷迭香是必要的
因素，又因為它清爽的基調，做為春夏季

用的淡香水配方也十分適合。

　　迷迭香具有一種被動性，也就是它會
根據你調配的其他精油配方，做相對的搭
配，因此，不同的配方會有不同的表現。
我最常用的一款夏季清爽淡香水就是用迷
迭香、冷杉、白松香、檸檬，以及苦橙葉
等調配的。

　　迷迭香與果類、草類，甚至木類的精
油調配效果都很好，葉類也是如此，如果
你對樹脂類的夠熟悉，適度的迷迭香與茴
香或是羅勒，都可以調出很獨特的味道。
雖然在氣味上並無不搭，但是我不建議與
黑胡椒或是薑或是廣藿香這種具有「東方
色彩」的香系調配，那就像老外穿旗袍般，
不能說不好看，但是還是怪。

## 迷迭香精油做為香水配方的使用時機

† 做為草香的標準，迷迭香屬於中性香味
　的激勵型，是一種能帶來正能量的香氛。

† 迷迭香適合白天使用，工作中（或辦公
　室）使用，它可以讓人對你有積極、上
　進、進取等正面的評價，所以力求表現
　的上班族，不妨考慮迷迭香。

† 約會或是想一夜情的時候不要用迷迭香，
　會讓人覺得你太正經，但是見對方家長
　時用迷迭香，可就討長輩的歡心了。

迷香香精油　　用「清澈」來形容迷迭香是個不錯的詞，揮發性高讓它成為很好的前味，
　　　　　　　可以順利帶出其他調配精油的氣味。

† 迷迭香也很適合做為居家生活香水的主香調，因為它除了代表了活力與朝氣之外，也提供健康殺菌的氛圍。

† 對於老年人，迷迭香的香味有刺激海馬體的嗅覺受體，這是與記憶力有關的區域，所以如果你想調一瓶香水給家裡的老人用（消除老人家容易有的氣味），一定要用迷迭香。

## 迷迭香主題精油香水配方

配方 **A**　迷迭香精油3ml＋香水酒精5ml

迷迭香屬於百草香，類似於直直刺刺、乾淨得發白那種單純香味，不會特別有個性也不會讓人反感，是很好的背景香味。

配方 **B**　配方A＋茶樹精油1ml

配上點茶樹，就像是可以放著發呆的味道，卻可以和所有的香味搭配。

配方第 20 號

### 愛上迷迭香

迷迭香精油 3ml ＋茶樹精油 1ml ＋香水酒精 5ml

這種乾淨的底香，也可以做為古龍淡香水的基礎，襯托出調配精油的特色，可以說是絕不會失敗的基底香味搭配。

你可以：

↑ 迷迭香與果類、草類，甚至木類的精油調配效果都很好，葉類也是，如果你對樹脂類的夠熟悉，適度的迷迭香與茴香或羅勒，都可以調出很獨特的味道。

↑迷迭香有足夠的西方文明與歷史的結合背景，也就是如果你想調配出有些「地中海氣質」的香水，迷迭香是必要因素，做為春夏季用的淡香水配方十分適合。

✤ 補充苦橙葉，就是大眾宜人的香水。

✤ 補充乳香，改善後味的單薄使更有深度。

✤ 補充雪松，香氣甜美而飽和。

✤ 補充薄荷，超適合夏季。

✤ 補充冷杉，是不錯的男用鬍後香水。

✤ 補充依蘭，是舒服的百花香。

✤ 補充尤加利，是中性香水及運動香水。

✤ 補充茴香，多一點特有的辛香增加氣質。

✤ 補充香蜂草，香味會更迷人且靈活。

✤ 補充絲柏，香味會變得清新。

✤ 補充橙花，會讓香味多一些氣質。

✤ 補充花梨木，香味會變得婉轉多變。

✤ 補充薰衣草，香味會更大方一些，也多些變化。

✤ 補充檸檬，添增活潑氣息。

✤ 補充玫瑰天竺葵，讓這款香水多些嫵媚花香。

✤ 補充岩蘭草，很好的後味。

✤ 補充檜木，原本深厚的木香味，與之調和能變得清爽些而更好接觸。

✤ 補充甜橙，增加些天真活潑與陽光正能量。

✤ 補充杜松莓，增加中性的緩衝，以及不慍不火的中味。

✤ 補充安息香，增加香草般的甜美感。

✤ 補充沒藥，增加甜美的藥草香。

✤ 補充馬鞭草，讓草香味更有些個性。

✤ 補充黑胡椒，增加香味的溫度。

## 迷迭香也是全世界第一瓶古龍水配方

在香味的定義中，古龍水的香味濃度大概類似於淡香水（或略低），比較算是偏向男性的香水。古龍就是德國的科隆，1709年在科隆的義大利調香師創造出第一瓶古龍水，稱之為「科隆之水」（eau de cologne）。最初的配方就是由迷迭香、柑橘類的精油，調配在酒中，做為預防瘟疫之用，因為當年歐洲黑死病大爆發時，有人用迷迭香做為消毒預防配方之一。

科隆之水開始受到歡迎據說是因為拿破崙最愛它，甚至每次洗澡都要倒上科隆之水，所以慢慢在定位上，古龍水就成了以男性香水為主了。

配方第 21 號

### 向拿破崙致敬的科隆之水

迷迭香精油 10ml ＋苦橙葉精油 5ml ＋佛手柑精油 5ml ＋松針精油 5ml ＋茶樹精油 5ml ＋香水酒精 70ml

## 以迷迭香為配方的知名香水

迷迭香普遍用於男性與中性香水，知名的代表作有：

Dolce&Gabbana（D&G）
Light Blue 淺藍男性淡香水

香調——木質清新調
前味——西西里柑橘、佛手柑、圓柏、葡萄柚
中味——四川胡椒、迷迭香、紫檀
後味——香薰、橡苔、麝香木

Cartier Declaration Essence
卡地亞極致宣言男性淡香水

香調——辛香木質香調
前味——佛手柑、苦橙、琥珀、樺木
中味——小豆蔻、迷迭香、摩洛哥苦艾
後味——東印度岩蘭草、橡樹、麝香

Chloe 花之水系列
法國橙花女性淡香水

香調——柑橘花香調
前味——香橙、迷迭香、橘子
中味——法國橙花、粉紅牡丹、鼠尾草
後味——白麝香、東加豆、洋杉

↑在地中海一帶，迷迭香是種非常普及且受歡迎的香草植物，從日常料理飲食到高檔的貴族香水，迷迭香總是能提供那受歡迎又開朗的香味。

# Chapter5

## 陽光快樂果香系

✱ ✱ ✱

果香系是最容易使用的精油配方。

它的香味討喜，男女老少都喜歡，都有著非常好的前味，直覺上就能給人快樂與陽光，它和任何其他的精油系列都搭配，更重要的是，它的價格都是相對較便宜的，所以說起來，果香類的精油，你都該必備在手邊。當你缺乏靈感，想不出什麼配方時，就從果香系的這些精油找找吧！（說

到靈感，果香類精油的特性之一，就是能刺激你的思路，給你靈感，這又是果香類另一個不可錯過的優點。）

都是果香，甜橙、檸檬、葡萄柚這三種是最基本的組合，佛手柑是你可以選擇性考慮的配方。不用我多說，前三者都是

大眾熟知的水果，也因為如此，用果香精油的最常見誤區，就是和那些大眾芳香混淆。

誰都知道市面上有「檸檬清香」的洗碗精，或是帶著「柑桔香甜味」的洗手乳、洗髮精，當然，這些都是化學合成的香精，用來增加日用清潔品的愉快性，這些氣味和精油能提供給你的是不同的。所以第一個要做的功課，就是先去比較市面上這些

果類的香精添加，和果類精油之間，香味有什麼不同，你才能建立起真正的香氣地圖。

果類精油大多有所謂「光敏性」，這本是自然界最單純不過的事情：植物結果後，曬到太陽的地方，多半顏色鮮豔些，也就是色素深一些，這種會因為光曬而便深色的反應就是光敏性。但是對於喜歡白淨的女性來說，如果用了光敏性的成分在臉上常見光的部位，自然較易引起那些部位更容易曬黑些。在芳香療法的使用上，光敏性的精油（主要是果類精油）不建議高濃度使用在常見光的皮膚部位，同樣的，如果含了光敏性的精油香水，也不建議直接噴灑於身體常見光的地方。

# 檸檬

## 酸酸甜甜戀愛滋味

中文名稱
**檸檬**
英文名稱
Lemon
拉丁學名
Citrus limonum

| 重點字 | 陽光 |
|---|---|
| 魔法元素 | 金 |
| 觸發能量 | 溝通力 |
| 科別 | 芸香科 |
| 氣味描述 | 酸甜氣味，獨特的檸檬味 |
| 香味類別 | 甜香／酸香 |
| 萃取方式 | 冷壓 |
| 萃取部位 | 果皮 |
| 主要成分 | d- 檸檬烯（d-Limonene）、β- 蒎烯（β-Pinene） |
| 香調 | 前一中味 |
| 功效關鍵字 | 清香／活化／陽光／去味 |
| 刺激度 | 略高度刺激性 |
| 保存期限 | 至少保存期一年 |
| 注意事項 | 具光敏性 |

　　檸檬香味可以說是最熟悉的日常用品香味。從檸檬洗手乳、檸檬沐浴精、檸檬洗碗精、檸檬洗衣粉，甚至喝的飲料都會加入檸檬味，「清香宜人」是檸檬製品最常見的宣傳詞……對不起，這些都是添加檸檬香精，而不是所謂的檸檬植物精油。

　　不難分辨，你只要準備少許市售所謂檸檬洗碗精，再準備檸檬的精油（當然必須是確定品質與來源的），你可以先聞聞檸檬香精的味道，再來聞聞檸檬精油的氣味，有什麼差別嗎？

　　檸檬精油能聞到那種「新鮮」與「陽光」的氣味，就像是在你面前撥開一個檸檬，擠出幾滴檸檬汁一樣，那種酸酸的，甜甜的，無憂無慮的味道。很多人形容戀愛的滋味就像是檸檬香，酸酸甜甜，因此，

在香水配方中加入檸檬，常常是個不會錯的選擇：它會讓人開始和香水談戀愛！

這些都是檸檬香精無法模仿而來的，因為香精只能提供單一的化學合成成分，沒有變化也沒有生命，這就像用蠟做的模型檸檬和真正的檸檬放在一起，你可以去感受檸檬實實在在的生命與內涵，但是模型檸檬只能暫時欺騙你的感官。

如果考慮和其他精油的搭配性，檸檬更顯多樣的變化。和其他果類精油搭配可以更顯其甜美感；和花香系精油搭配可以當做很好的開胃前味，襯托出花香的優雅與豐富；和草香系可以強調出靈活多變的

俏皮，讓這種香水更有「曲線」。總之，檸檬是個非常好的前味香水，也是非常好的「協助性」香水。不過如果做為主味，它的後味持續性稍嫌不足，還要準備後味精油來搭配。

另外，檸檬屬於光敏性精油，所以在使用上，不宜在日照下直接噴灑於面部皮膚，室內或夜間使用，噴於衣服或布料上即可。如果你非要究問：那到底能不能噴在身體上呢？呵呵，我的回答是：「身體有很多性感的部位，都是不需要在太陽底下見光曬的！」

### 檸檬精油做為香水配方的使用時機

↑檸檬是非常好的前味香水，也是非常好的「協助性」香水。不過如果做為主味，後味持續性稍嫌不足，還要準備後味精油來搭配。

† 檸檬的香氣能表達陽光下的健康，加上它的消味與化解異味的能力，所以很適合做為運動香水的配方。

† 做為男女都適用的中性香水，檸檬又有著「大眾臉」的特徵，是最熟悉的香味之一，所以也很適合做為禮貌香水，不會引人遐想或側目，只會給人好感。

† 檸檬可以和花香系的精油或是草香系的精油搭配使用，都會顯得年輕與活力。

檸檬精油 | 能聞到那種「新鮮」與「陽光」的氣味，就像是在你面前擘開一個檸檬，擠出幾滴檸檬汁一樣，那種酸酸的，甜甜的，無憂無慮的味道。

## 檸檬主題精油香水配方

| 配方 | A | 檸檬精油3ml＋香水酒精6ml |

單純的發揮檸檬那種鮮果香味，就足以討喜。稀釋後的檸檬，香味擴散得更自然，就算是前味都充滿著變化，首先帶著鮮果的新鮮香氣，接著是檸檬特有的酸味，忠實的還原。

| 配方 | B | 配方A＋香蜂草精油1ml |

添加了香蜂草，可以把檸檬香再增加點蜂蜜甜花香，變化性多一些，且不妨礙原來檸檬的主香調。

配方第 22 號

### 愛上檸檬

檸檬精油 3ml ＋香蜂草精油 1ml ＋香水酒精 6ml

這是一種屬於年輕人的香味，輕靈活潑，且是百搭型香基，隨著不同的補充精油而有不同的表現：
✤ 補充薰衣草，成為生活香水。
✤ 補充薄荷，適合夏天使用的戶外香水或運動香水。
✤ 補充甜橙或葡萄柚，讓不同的果香激盪。
✤ 補充玫瑰天竺葵，多些社交氣質，與女性婉轉。

↑檸檬的香氣能表達陽光下的健康，加上它的消味與化解異味的能力，所以很適合做為運動香水的配方。

↑檸檬可以說是最熟悉的日常用品香味。檸檬洗手乳、檸檬沐浴精、檸檬洗碗精、檸檬洗衣粉、甚至喝的飲料可以加入檸檬。

✤ 補充尤加利，多些健康大方的氣息。

✤ 補充絲柏，調整為中性香水。

✤ 補充花梨木，增加些婉約變化。

✤ 補充馬鬱蘭，多些書卷氣質。

✤ 補充佛手柑，可以變化出另一種果香複方。

✤ 補充安息香，增加甜美定香。

✤ 補充依蘭，更強效的花香定香。

✤ 補充快樂鼠尾草，能有意外的變化。

✤ 補充茴香，增加辛香味。

✤ 補充岩蘭草，溫和穩定的定香。

✤ 補充肉桂，溫暖的定香。

## 以檸檬為配方的知名香水

使用檸檬為配方的香水非常多，舉出其中幾款最受歡迎的：

 **Anna Sui Secret Wish**
安娜蘇許願精靈女性淡香水

席捲全亞洲的入門暢銷經典款。

香調──清新花果香調
前味──金盞花、哈密瓜、檸檬
中味──黑醋栗、鳳梨
後味──白雪松、白麝香、琥珀

 **Guerlain**
嬌蘭花草水語薄荷青草
中性淡香水（2011 年版）

香調──草香清新調
前味──青草、檸檬
中味──綠茶、薄荷
後味──仙客來、鈴蘭

 **ANNA SUI Flight of Fancy**
逐夢翎雀女性淡香水

香調──清新花果香調
前味──日本蜜柚、爪哇檸檬、荔枝
中味──玫瑰花、星木蘭、紫蒼蘭
後味──白麝香、安息香、雲杉

↑檸檬可以和花香系的精油或是草香系的精油搭配使用，都會顯得年輕與活力。

# 佛手柑

## 療傷系與快樂系的高手

中文名稱
**佛手柑**
英文名稱
Bergamot
拉丁學名
Citrus bergamia

| 重點字 | 解憂 |
|---|---|
| 魔法元素 | 天 |
| 觸發能量 | 意志力 |
| 科別 | 芸香科 |
| 氣味描述 | 類似苦橙中又帶著花香，甜中帶苦的獨特甘味 |
| 香味類別 | 甜香／酸香／能量香 |
| 萃取方式 | 蒸餾／冷壓 |
| 萃取部位 | 果實 |
| 主要成分 | 檸檬烯（D-Limonene）、乙酸沉香酯（Linalylacetate） |
| 香調 | 前一中味 |
| 功效關鍵字 | 護膚／解憂／抗老／消化／呼吸 |
| 刺激度 | 中等度刺激性 |
| 保存期限 | 至少保存期兩年 |
| 注意事項 | 略具光敏性 |

關於佛手柑的來源、品種、品質差別非常大，所調出的香味當然也有差別，所以在使用佛手柑精油前，務必做好功課，選擇最佳品質的佛手柑。

佛手柑的氣味是建立在甜美果香中，還能提供更加的細緻紋路，也就是說它是有「氣質」的香味。而在芳療中，佛手柑又以「抗憂鬱」、「正向情緒」知名，所以說它是「療傷系」的優質選擇！

香水不只是給別人聞的，也是給自己聞的，如果最近天空總是陰霾，如果有時心情低落，如果天天宅在家裡、足不出戶，如果……給自己，也給別人一個正向氣味，改善心情，走出低落，佛手柑絕對是最佳選擇！

佛手柑也是適合孕婦懷孕，乃至於坐

↑佛手柑也是伯爵紅茶香味的主要來源，如果想給自己一種正向氣味，改善心情，走出低落，佛手柑絕對是最佳選擇！

月子階段最適合的精油，我們都聽說過「產前憂鬱症」，還有「產後憂鬱症」，懷孕前後期女生在身心上都有很大的負擔，此時最是需要協助與撫慰。又因為懷孕的關係，不能使用一般的精油，怕干擾女性周期，此時又出現佛手柑的利用價值：它是果類精油，對女性周期完全沒有干擾或副作用，它有很好的療傷與抗憂鬱的功能，它甚至在成分上還有消炎、平衡、鎮定的目的，所以如果你有朋友在懷孕你要去探望她，別忘了給她調配一瓶以佛手柑為主味的精油香水。

如前所說，佛手柑在果類中屬於更有「內涵」的氣味，且細緻度為花香系的等級，所以無論是做為輔助香還是主香調都很適合。佛手柑的前味是甜果香與絲綢般香草香，中味轉為香草香給人甜中帶澀的質感，而到了後味又留存著淡雅的近似花香脂味，所以在許多品牌的經典香水中，也常見它的配方。如 Elizabeth Arden（伊莉莎白・雅頓，簡稱 EA）的芳草系列（Blue Grass）中就用佛手柑搭配薰衣草、橙花做為前味。另一款知名的巴黎品牌香水 Baccarat（巴卡萊特）的「孟加拉星夜」是用佛手柑和玫瑰搭配做為前味。源自英國倫敦的皇冠香水（Crown of Perfumery）也採用了佛手柑……事實上，近代知名品牌不少於三、四十種主流香水中都可見佛手柑，聰明的你，別忘了這個 Tips 喔！

### 佛手柑精油做為香水配方的使用時機

† 佛手柑做為安神紓壓療癒系的首推，非常適合較為內向的人使用為香氛配方。

† 孕婦從懷孕初期到分娩後做月子，以及寶寶做為嬰兒房的香氛，都很適合。

† 佛手柑有穩定情緒的氛圍魔力，所以也適合輔助性的工作者，例如秘書、助理，或是護理師、顧問、律師、會計師……

佛手柑精油 | 在果類中屬於更有「內涵」的氣味，且細緻度為花香系的等級，所以無論是做為輔助香還是主香調都很適合。

專業顧問輔助人員，做為職場香水配方，給人穩定感與信任感。

† 出席的場所如果較為正式，也可以使用佛手柑做為相關的香水配方。

† 佛手柑不是性感型的香味，但是如果和其他性感型或是花香型的精油香味配合，可以收斂太過放肆的高調，提供穩重內斂。

## 佛手柑主題精油香水配方

| 配方 | A | 佛手柑精油3ml＋香水酒精6ml |
| --- | --- | --- |

佛手柑除了果香外，還有藥香味，這使得它的香味比一般的果類精油更耐聞些，如果用香水酒精把佛手柑的香味展開，你應該更容易了解這種果香加上藥香的層次感。

| 配方 | B | 配方A＋苦橙葉精油1ml |
| --- | --- | --- |

苦橙葉又稱為回青橙，本就是香水常用成分，加在這款配方中的目的，也是希望在不干擾佛手柑的前提下，提供更協調的橙系特色香水配方。

↑佛手柑的氣味是建立在甜美果香中，還能提供更加的細緻紋路，也就是說她是有「氣質」的香味。

↑檸檬、萊姆與佛手柑,你可以正確無誤地分辨出來嗎?

配方第 23 號

## 愛上佛手柑

佛手柑精油 3ml +苦橙葉精油 1ml +
香水酒精 6ml

佛手柑精油有著漂亮的黃綠色(苦橙葉一般是無色至非常淡的黃色),因此這款香水也能呈現優雅的淡綠色,香水本身就很賞心悅目,如果想配些與眾不同的配方,你可以:

✢ 補充薰衣草,增加大方宜人的花香。

✢ 補充乳香,有細緻微甜的尾香與後味。

✢ 補充薄荷,適合夏天使用的戶外香水或運動香水。

✢ 補充甜橙或葡萄柚,讓不同的果香激盪。

✢ 補充玫瑰天竺葵,多些玫瑰花香。

✢ 補充絲柏,調整為中性香水。

✢ 補充迷迭香,百草香做為中味打底,讓香味有中轉。

✢ 補充花梨木,增加些婉約變化。

✢ 補充安息香,增加甜美定香。

✢ 補充香蜂草,靈活多變的檸檬蜜香。

✢ 補充茉莉,轉化整款香調更多芬芳。

✢ 補充依蘭,更強效的花香定香。

✢ 補充洋甘菊,甜美度破表。

✢ 補充快樂鼠尾草,能有意外的變化。

✢ 補充茴香,增加辛香味。

✢ 補充岩蘭草,溫和穩定的定香。

## 以佛手柑為配方的知名香水

佛手柑也是香水的主流配方，知名的
有：

**Bvlgari Petits et Mamans
寶格麗甜蜜寶貝中性淡香水**

香調——清新花香調
前味——巴西花梨木、西西里佛手
　　　柑、柑橘
中味——甘菊、向日葵、野玫瑰
後味——白桃、佛羅倫斯鳶尾花、香
　　　草

**YSL Opium
鴉片女性淡香精**

香調——東方花香調
前味——佛手柑、柑橘
中味——茉莉、康乃馨、野百合
後味——沒藥、香草、琥珀、廣藿香

**GUESS Women
女性淡香精**

香調——甜美花果香調
前味——佛手柑、青蘋果、香橙
中味——山谷百合、玉蘭花、牡丹、
　　　紅果、鈴蘭、蜜桃
後味——西洋杉、青苔、琥珀、麝香

↑佛手柑做為安神紓壓療癒系的首推，非常適合較為內向的人使用為香氛配方。

# 甜橙

## 超萌而活潑的好味道

中文名稱
甜橙
英文名稱
Orange Sweet
拉丁學名
Citrus sinensis

| 重點字 | 活潑 |
| --- | --- |
| 魔法元素 | 火 |
| 觸發能量 | 工作耐力 |
| 科別 | 芸香科 |
| 氣味描述 | 清新香甜的柑橘味 |
| 香味類別 | 甜香／澀香 |
| 萃取方式 | 冷壓 |
| 萃取部位 | 果皮 |
| 主要成分 | d- 檸檬烯（d-Limonene） |
| 香調 | 前—中味 |
| 功效關鍵字 | 忘憂／快樂／解膩／陽光／開朗 |
| 刺激度 | 中度刺激性 |
| 保存期限 | 至少保存期一年 |
| 注意事項 | 注意光敏性 |

　　曾幾何時，「萌」這個字眼成了我們生活中不可或缺的「調味聖品」。

　　「萌」代表人們對於「單純」的追求，太複雜的社會生活，能夠獲得心中最基礎的那一份簡單，反而最知足，因此，「萌系」需求應運而生。我曾分析過，只要是喜歡甜橙香味的人，都是屬於「萌系」特徵，比較快樂，比較親切，比較認真，簡單一個形容詞就是「比較陽光」。

　　甜橙是標準的果香味，還帶點酸酸甜甜的活潑，它不像苦橙帶些澀味，這是一種無憂無慮的香味。如果你想在香水中散發出「活潑」與「無憂無慮」的性格，別忘了甜橙；如果香水使用的對象是年輕女孩或是想表達出年輕女孩的活力，也別忘了甜橙。

甜橙也是一種很好搭配的香味，與其他果系精油，如檸檬、葡萄柚，可以發揮出更殺更萌的青春無敵；也可以和草類精油，如薄荷、薰衣草、迷迭香、香蜂草等營造出有創意的活潑氣味。雖然它最適合夏天的配方，能充分表現出那種活力四射、陽光大方的感覺；但是如果在冬天用它，也可以在陰冷的季節中透露出溫暖與開朗。

### 甜橙精油做為香水配方的使用時機

† 甜橙給人的感受就是單純的快樂與無憂無慮，適合年輕女孩，或是心態如年輕女孩。
† 出席社交場合，或是初見面的聚會，想給人熱情活潑的第一眼印象，也可以使用甜橙。
† 甜橙有著陽光代言的角色扮演，如果是梅雨季或是常常灰冷陰暗的冬天，甜橙的香氣能穿透這些濕氣與霉味，讓你成為樂觀與活力的焦點。

### 甜橙主題精油香水配方

喜歡甜橙香味的人，表示你的心理年齡超年輕。甜橙屬於萌系＋甜美系＋陽光

系的香氣，標準的果香拿來當作主題香味最棒了！但是甜橙的中味與後味略顯不足，所以調配主題香水時，可以想辦法補充中味與後味。

| 配方 | **A** | 甜橙精油3ml＋香水酒精5ml |
|---|---|---|

放置一天後試香，是不是很棒的果香？聞了都會笑！可惜中後味不足，所以很快香味就揮發變淡了，我們把配方 B 改良一下：

| 配方 | **B** | 配方A＋佛手柑精油1ml<br>＋安息香精油1ml |
|---|---|---|

配方 A 聞了會笑，配方 B 應該可以笑更久，而且是有氣質的笑，因為有氣質的佛手柑加進來了，另外又有香草味的安息香打底，所以香味更持久些，且有很棒的香草冰淇淋那種甜美味，一開始就說了，甜橙主題香水，就是要萌系＋甜美系＋陽光系。

配方第 24 號

#### 愛上甜橙

甜橙精油 3ml ＋佛手柑精油 1ml ＋安息香精油 1ml ＋香水酒精 5ml

甜橙精油 | 是標準的果香味，還帶點酸酸甜甜的活潑，不像苦橙帶些澀味，而是一種無憂無慮的香味。

↑甜橙是一種很好搭配的香味，與其他果系精油，如檸檬、葡萄柚，可以發揮出更殺更萌的青春無敵。

喜歡甜橙精油的香味，配方 A 可以讓你得到滿滿的甜橙香氛，配方 B 可以讓香味更完整一些，算是正式的香水。

如果你還想把甜橙精油香水做些變化，可以在消耗掉一些之後，參考下面的選項來補充。

這款配方雖然簡單，但是非常受歡迎，你不必費心思準備多少精油，調配多麼複雜的配方，簡單的快樂就能直達人心，但是如果你還想添加更多的變化，可以參考以下的建議：

✣ 補充安息香，增加甜美定香。
✣ 補充玫瑰天竺葵，多些玫瑰花香。
✣ 補充芳樟葉，增加多變的葉香味。
✣ 補充絲柏，調整為中性香水。
✣ 補充依蘭，更強效的花香定香。
✣ 補充快樂鼠尾草，能有意外的變化。
✣ 補充薄荷，讓快樂浮動在空氣中。

✣ 補充葡萄柚，讓不同的果香激盪。
✣ 補充茉莉，轉化整個香調更多芬芳。
✣ 補充香蜂草，變成靈活多變的檸檬蜜香。
✣ 補充薰衣草，增加大方宜人的花香。
✣ 補充迷迭香，百草香做為中味打底，讓香味有中轉。
✣ 補充花梨木，增加些婉約變化。
✣ 補充乳香，細緻微甜的尾香與後味。
✣ 補充茴香，增加辛香味。
✣ 補充岩蘭草，溫和穩定的定香。

## 以甜橙為配方的知名香水

**BVLGARI Omnia Crystalline**
寶格麗亞洲典藏版女性淡香水

香調——水生花香調
前味——竹子、佛手柑、香檸、蜜柑、橙花醇、豐山水梨
中味——山百合、白牡丹、蓮花
後味——琥珀、熱帶伐木、檀香、麝香

**GUESS Women**
女性淡香精

香調——甜美花果香調
前味——佛手柑、青蘋果、香橙
中味——山谷百合、玉蘭花、牡丹、紅果、鈴蘭、蜜桃
後味——西洋杉、青苔、琥珀、麝香

# 葡萄柚

## 年輕六歲的青春秘方

中文名稱
葡萄柚
英文名稱
Grapefuit
拉丁學名
Citrus grandis

| 重點字 | 青春 |
|---|---|
| 魔法元素 | 火 |
| 觸發能量 | 工作耐力 |
| 科別 | 芸香科 |
| 氣味描述 | 把蜜柚香提升更高層次的芳香，彷彿看到果實豐收纍纍 |
| 香味類別 | 甜香／酸香／鮮香 |
| 萃取方式 | 冷壓 |
| 萃取部位 | 果皮 |
| 主要成分 | d-檸檬烯（d-Limonene） |
| 香調 | 前味 |
| 功效關鍵字 | 消化／活力／解憂／快樂／排水 |
| 刺激度 | 中等刺激性 |
| 保存期限 | 至少保存期一年 |
| 注意事項 | 注意光敏性 |

芝加哥嗅覺與味覺研究所針對「味道」進行研究，為一群參與實驗的女性噴上綠花椰菜、香蕉、綠薄荷葉、薰衣草及葡萄柚香氣等香味，研究發現，男性獨鍾身上擁有葡萄柚香味的女性，並且感覺這些女性比實際年齡年輕了六歲。

同樣是果香系列，葡萄柚比甜橙、檸檬來說，是更「不大眾」的獨特香味，當

然還是保留了果類那一貫討好、令人喜愛的先天調性，因此，討喜的個性加上新奇少接觸的氣味，塑造了葡萄柚成功的香味元素：既讓人樂於接觸，又有足夠的距離塑造氣質。這就是葡萄柚讓人年輕六歲的祕密，當你出現在眾人的面前時，你所散發出的訊息，其實是多元的，你的容貌、身材、衣著、髮型……都是視覺的條件，

↑葡萄柚香這種迷人的果香味和橙系的果香略有
不同,具體的差別必須你親自體會才能感受到。

但是嗅覺也就是氣味的條件卻是無形中能
幫你加分或是減分的。一個外貌出眾、身
材玲瓏的女郎出現在眾人面前,如果能散
發出得體的香味,和沒有任何氣味表現,
甚至是很糟糕的體味或是很差勁的香水,
絕對立刻出現不同的反應。

　　所以,既然葡萄柚有這種加分效果,
你可別忘了使用這個加分武器喔!

### 葡萄柚精油做為香水配方的使用時機

† 葡萄柚是能加分的香味,和其他精油的
　搭配性也很相宜,你可以把它當作常用
　且必備的香水配方。
† 青春永駐是每個人的夢想,葡萄柚的香
　味給人青春氣息,也帶給身邊的人青春

與活潑的靈動,所以葡萄柚也是大眾喜
愛的香味。
† 做為運動香水,葡萄柚可以修飾運動中
　散發的汗味體味,轉化為舒服氣息;做
　為約會香水,葡萄柚可以讓對方把你的
　年齡往下再猜幾檔;做為社交香水,葡
　萄柚給人熟悉的親和力。

### 葡萄柚主題精油香水配方

| 配方 | A | 葡萄柚精油3ml+<br>香水酒精6ml |
|---|---|---|

　　柚香這種迷人的果香味和橙系的果香
略有不同,具體的差別必須你親自體會,
就從這款配方 A 開始。「蜜度」較高是柚
香的特色,小朋友喜歡在中秋節玩耍時把
柚子皮剝下當作帽子戴,這個柚子皮就有
濃厚的柚香味。

| 配方 | B | 配方A+薰衣草精油1ml |
|---|---|---|

　　我們只需稍加薰衣草做香味調整,就
可以讓它呈現一種香味的舒適性,做為輕
香水它適合做為各種背景香,例如噴灑在
你的衣物上,自然的散發出些微的柚香,
那麼你就輕鬆的獲得各種愛戴。

葡萄柚精油　│　葡萄柚是能加分的香味,和其他精油的搭配性也很相宜,你可以把它當
作常用且必備的香水配方。

配方第 25 號

## 愛上葡萄柚

葡萄柚精油 3ml ＋薰衣草精油 1ml ＋
香水酒精 6ml

　　如果你還想把葡萄柚精油香水做些變
化，可以在消耗掉一些之後，參考下面的
選項來補充：

✤ 補 1ml 的香水酒精，讓它香味更淡雅些。
✤ 補充橙花，會讓香味多一些成熟，多一
　些性感。
✤ 補充檸檬，把果味進行到底。
✤ 補充乳香，把後味打底。
✤ 補充苦橙葉，也可以用佛手柑，都是一
　種氣質的選擇。
✤ 補充尤加利，變成適合出遊的戶外香水，
　因為這就是大自然的香味。
✤ 補充迷迭香，可以做為運動如瑜伽、跑
　步的香水，也可以消掉一些汗臭味。
✤ 補充雪松，就是中性香水，男女皆宜。

↑葡萄柚的香味給人青春氣息，也帶給身邊的人
　青春與活潑的靈動，所以葡萄柚是大眾喜愛的
　香味。

✤ 補充肉桂，會讓香味更成熟些，有媽媽
　的味道。
✤ 補充羅勒，香味會多些書卷味，有乖乖
　女或是文青的 feel。
✤ 補充香蜂草，香味會更迷人且靈活，讓
　你多些創意！
或是補充其他你喜歡的精油，並無禁忌。

### 以葡萄柚為配方的知名香水

 **Dolce & Gabbana Rose The One**
唯戀玫瑰女性淡香精

香調——玫瑰花香調
前味——粉紅葡萄柚、荔枝
中味——保加利亞玫瑰
後味——白麝香

 **Lalique Lion**
王者之風男性香水

前味——佛手柑、葡萄柚
中味——茉莉花、香柏、迷迭香、鳶
　　　　尾花、薰衣草
後味——琥珀、廣藿香

 **Guerlain**
嬌蘭花草水語葡萄柚中性淡香水

香調——清新柑橘調
前味——柑橘、葡萄柚等新鮮果實
中味——柔美的花香
後味——檀香木、麝香

# Chapter6

## 堅定穩重木葉香系

✦ ✦ ✦

木香代表了最充沛的大自然植物能量，在科學上可以用芬多精來解釋外，木香的香氣也有完整的詮釋。

木香一般都是中性香味，因為男性可選擇的香味不多，木香自然也成了男性香水最直覺的選擇。

木香不像草香那麼輕狂、靈活又多樣，木香大致相同，在你深入了解原來有這麼多的木香系列精油可以選擇之前，你可能以為木香只有一種，就是⋯⋯就是木頭香。

如果我們用森林來容，木香可以讓你進入不同的森林探險，並且獲得不同的感

受。同理，如果你懂得利用木香系列的精油調配，它會是很好的中味與後味，提供整款香水配方中充實的生命力。如果用樂器來形容，木香就像是中提琴般，在整個調香旋律中，有著飽滿的基調。

　　木香的變種是葉香，其實葉香應該算是另外一類，不過因為它扮演的角色和木香有些類似，所以一併歸類說明。

　　葉香就是在木香的基礎上，多了葉綠素的變化，你可以想成，葉香就是植物迎接陽光的方式，葉香也是森林的耳語，當你在森林中時，微風吹來你所聽到的，正是樹葉的竊竊私語。世間再也沒有比樹葉沙沙聲更療癒的紓壓樂章了。

　　記住這些感覺，當你要調配與木香有關的精油香水配方時，就是要用這些氛圍與情感，加入你的作品中。

# 認識芬多精——空氣維他命

## 真的有芬多精

芬多精為 Pythoncidere 的翻譯，這是由蘇俄列寧格勒大學教授 B.P.Toknh 博士於 1930 年提出研究報告，python 意為植物，cidere 意為消滅，所以芬多精有「植物的防衛能力」的直接含意。

芬多精存在於植物的根莖葉中，其實所有的植物都會有一些成分來做為自體的防衛，不過由於樹木的年齡更久（遠較草本），所以更能演化出更強力的成分。

芬多精的主要成分稱之為 terpene，這是一種芳香性碳水化合物，不同的樹種有不同的 terpene，就算同一種樹，本身也有數量、種類不等的 terpene，一般來說，針葉林的松杉柏檜類，在 terpene 的質與量上，都是植物之冠，所以如今我們對芬多精的直覺印象，也來自這些植物。

因為芬多精充斥於森林之中，所以我們行走於間，無形中也享受了森林芬多精浴，不同的樹木會有不同的氣味，因為它們是不同的芬多精來源，藉由風追、樹葉摩擦、空氣中的水分子與負離子吸附……形成了整個芬多精環境，藉由呼吸、皮膚接觸，你也得到了這些空氣維他命。

## 芬多精有什麼好處

既然芬多精的來源是植物的防禦系統，那麼芬多精能殺菌、抗黴、驅蟲，也是相當據實的推論。在學苑與多家生物科技公司配合的經驗中，早就有許多實驗室向學苑指明幾種松柏科屬的精油，做為防蟲抗菌之研究，而其效果也很令他們滿意。

芬多精在生理上，除了第一道的病蟲防護外，當然直接對呼吸系統有相當好的協助，因為它能降低空氣裡的塵蟎，讓你的呼吸系統零負擔，間接也能對身體的循環系統、內分泌系統（自己的防禦系統）……有相當的協助。

在心理上，芬多精的氣味也代表了與大自然的聯繫，久居都會的人來到鄉間森

林，深呼吸一口氣，會覺得自己更清新而充滿能量，所以對人的精神提振、心情改善，特別是鬱悶也會紓解許多。

## 木香精油與芬多精

　　台灣許多國家觀光林場，都會標示多到戶外森林浴，吸收芬多精，對人體身心有莫大的好處，芬多精的濃度與深度最佳的當然是木類精油，因為樹木特別是松杉柏科植物，都是多年生長，所以能合成比較複雜多樣的精油成分，木類精油不只能有特殊香味，讓你調配香水，無形中也對你的身心健康有莫大的幫助，這當然也是化學合成的香精無法比擬的。

# 冷杉

## 冰雪森林

中文名稱
冷杉
英文名稱
Fir
拉丁學名
Abies balsamea

| | |
|---|---|
| 重點字 | 玉山 |
| 魔法元素 | 木 |
| 觸發能量 | 企劃力 |
| 科別 | 柏科 |
| 氣味描述 | 乾淨帶有涼意的木味，如雨後清新的森林氣息 |
| 香味類別 | 幽香／甜香 |
| 萃取方式 | 蒸餾法 |
| 萃取部位 | 葉，小枝 |
| 主要成分 | $\alpha$-蒎烯（$\alpha$-Pinene）、3-蒈烯（3-Carene）、冷杉醇 |
| 香調 | 前－中味 |
| 功效關鍵字 | 清爽／創意／芬多精／肌耐力／呼吸／元氣 |
| 刺激度 | 低度刺激性 |
| 保存期限 | 至少保存期三年 |
| 注意事項 | 無 |

冷杉精油的香味有著沉靜甜美的木質芬芳，能鎮定平和焦慮繁雜的心情，幫助情緒冷靜，深遠幽靜的氣息，很適合冥想或構思。

冷杉是最接近北極圈寒帶生長的林帶，在台灣也只有在高山上才有冷杉分布，所以聞到冷杉就帶來像是西伯利亞森林氣息。冷杉可說是最性感的木香味，想要感受這種香味的特質，最好閉上眼睛，深呼吸一口冷杉，彷彿身處積了雪的森林中，空氣是涼爽、乾淨的，在標準的木味中，尾香會有點回甘的甜味，這是中性的性感，酷酷的又耐人尋味，許多的男性香水會用冷杉做為主要的香調，如果你想給人穩定、清新、乾淨、理性的暗示，冷杉也是必用的配方。

## 冷杉精油做為香水配方的使用時機

† 男性香水配方的不敗因素，有冷杉一定 MAN。

† 冷杉的香味可以表達出乾淨，整齊，秩序，一絲不苟的氛圍暗示，也是新好男人的定義之一。

† 如果是女性使用冷杉，則可以表達出獨立性與自信。

† 冷杉適合的職場香水，如:律師、會計師、醫師，這些專業形象並需要顧客全然的信任的。

† 金融產業經理人需要保持隨時冷靜，遇事不慌的清晰頭腦，也可以借助冷杉為

搭配香氛精油系列。

† 你如果喜歡某些浪漫花香精油，又怕聞久會膩，也可以用冷杉調味，讓花香更多些內涵與深度。

† 職場女性要表達理性的因素。

† 夏季香水配方可帶來清爽的氛圍。

† 做為中性香水與禮貌香水，也就是希望有香味的裝飾又不希望太高調引人反感。

## 冷杉精油主題香水配方

| 配方 | A | 冷杉精油3ml＋香水酒精5ml |
|------|---|------------------------|

冷杉清新冷冽的木味給人高冷淨土的

←冷杉是最接近北極圈的寒帶生長的林帶，在台灣也只有在高山上才有冷杉分布，所以聞到冷杉就帶來像是西伯利亞森林氣息。

冷杉精油 ｜ 香味有著沉靜甜美的木質芬芳，能鎮定平和焦慮繁雜的心情，幫助情緒冷靜，深遠幽靜的氣息，很適合冥想或構思。

意境，尾香的甜味會隨著放置的時間越久越明顯，如果是以男性為使用對象，找一款禮貌不惹人厭煩的隨身香味，這種配方 A 就足以達成你的想法。

| 配方 | **B** | 配方A＋薄荷精油0.5ml＋絲柏精油1.5ml |

添加薄荷是增加其清涼感，絲柏也是在水感與冷木香中間找到立足點，這樣香味會更有穿透力，也更令人印象深刻。

冷杉是冷香系與水香系的香味，善用冷杉可以創造出輕冷北歐風的感受。

### 配方第 26 號

## 愛上冷杉

冷杉精油 3ml ＋薄荷精油 0.5ml ＋
絲柏精油 1.5ml ＋香水酒精 5ml

如果你還想把精油香水做些變化，可以在消耗掉一些之後，參考下面的選項來補充：

✤ 補 1ml 的香水酒精，讓它香味更淡雅些。
✤ 補充薰衣草，香味會變得大方，比較像是中性香水。
✤ 補充雪松，甜香度更高且有後味。
✤ 補充花梨木，香味的變化轉折增加更豐富些，也有點熱帶氣息。
✤ 補充檜木，香味變得厚重、深沉。
✤ 補充茶樹，香味會帶點消毒感，多些安全感。

↑ 你如果喜歡某些浪漫花香精油，又怕聞久會膩，也可以用冷杉調味，讓花香更多些內涵與深度。

✤ 補充橙花，在冷杉的香味基礎上添加了花香，更顯高貴氣質。
✤ 補充葡萄柚，增添很棒的果味。
✤ 補充苦橙葉或是佛手柑，都可以合適的增加舒服好聞的氣質。
✤ 補充尤加利，尤加利也是水系香味，有著舒爽的葉香。
✤ 補充迷迭香，可以做為運動如瑜伽、跑步的香水，也可以消掉一些汗臭味。
✤ 補充香蜂草，香味會更迷人且靈活，讓你多些創意！

### 以冷杉為配方的知名香水

使用冷杉做為配方的品牌香水，如 DSQUARED² 是義大利的時裝品牌，因獲得丹娜採用而知名度大開。他們在 2007 年推出的男性香水「HE WOOD」，調香師 Daphne Bugey 設計的配方以以清新木質的香氣為主調，其中的後味就參考了冷杉，再搭配紫羅蘭、雪松、麝香等，營造出冷冽又感性的森林氛圍。

# 雪松
## 喜馬拉雅森林

| 中文名稱 | | 重點字 | 撫慰 |
|---|---|---|---|
| 雪松 | | 魔法元素 | 金 |
| 英文名稱 | | 觸發能量 | 溝通力 |
| Cedarwood | | 科別 | 松科 |
| 拉丁學名 | | 氣味描述 | 甜美的木質香，帶有檀香的尾味與優雅 |
| Cedrus deodara loud | | 香味類別 | 甜香／醇香 |
| | | 萃取方式 | 蒸餾 |
| | | 萃取部位 | 木心 |
| | | 主要成分 | $\beta$-雪松烯（$\beta$-Himachalene）、$\alpha$-雪松烯（$\alpha$-Himachalene） |
| | | 香調 | 前─中─後味 |
| | | 功效關鍵字 | 芬多精／呼吸／滋補／抗菌／防霉 |
| | | 刺激度 | 低度刺激性 |
| | | 保存期限 | 至少保存期三年 |
| | | 注意事項 | 無 |

雪松遍佈全球，主要的品種就有幾十種，而雪松精油根據香型特徵，也分為三大系統，分別為：北美雪松、大西洋雪松以及喜馬拉雅雪松，所以如果你聞到不同的雪松，也不用懷疑。

## 雪松的三大系統

### 北美雪松又稱為鉛筆柏

北美雪松又稱為維吉尼亞雪松，它的香味，簡單的形容就是你削鉛筆時會聞到的那種木頭味。原因很簡單，幾乎所有的鉛筆所用的木料都是北美雪松，所以北美

↑雪松很適合做為聖誕樹的裝飾。

雪松又稱為鉛筆柏。這是一種比較乾淨的木頭味，和以下兩種雪松都不一樣。

### 大西洋雪松歷史悠久

原產於黎巴嫩的大西洋雪松，也是埃及人用來做為祭祀、製作木乃伊的香料，也是聖經上記載的雪松。它的香味比較甜美，色澤偏黃，在木類精油中非常獨特，

可以說和所有其他松杉柏類的香味都不一樣，俗稱香柏木。

### 喜馬拉雅雪松最甜美

喜馬拉雅雪松是大西洋雪松的亞種，因為屬於高海拔，極冷極高地帶的產地，所以油脂特純特濃，我們還發現純度高到甚至有結晶的產生，而味道，更多一種深

雪松精油　｜　厚度很夠，可以從前味一直延續到後味，且這種甜美香味的滋潤性非常好，所以也適合呼吸系統較弱，常常咳嗽感冒的人，做為護氣用的隨身香氛。

沈的甜味，尾味還能帶著檀香木那種韻味，是相當棒的氣味與質感。

這三種雪松的香味差別甚大，也各有特色與愛好者。有些人特別喜歡削鉛筆的香味，但是有些人會覺得那是種刺刺的木頭香，大西洋雪松與喜馬拉雅雪松香味都很甜美，但有些覺得它的甜香程度已經超越木頭香了。總之，在調配香水時，善用各種香味的特色就好，精油香水並無好壞差別，只有會用與不會用。

↑雪松有許多品種，差別在不同的葉形外觀上。

## 雪松精油做為香水配方的使用時機

† 既然北美雪松又稱為鉛筆柏，有著鉛筆的香味，那用北美雪松調配出特有的書卷味、文創味，也就是水到渠成的事了。

† 北美雪松這種刺刺的木頭味，可以與其他味道較為溫和溫暖的味中和，例如花香與果香系的精油，達到較為平衡的效果。

† 相較之下，大西洋雪松與喜馬拉雅雪松因為是甜美的木頭香味，喜馬拉雅雪松更多帶些檀香的尾味，要做出持久又香味美好氣質優雅的香水就很容易，所以這兩種雪松精油更常見於香水配方中。

† 雪松精油的厚度很夠，可以從前味一直延續到後味，且這種甜美香味的滋潤性非常好，所以也適合呼吸系統較弱，常常咳嗽感冒的人，做為護氣用的隨身香氛。

† 雪松香氣的系統與宗教融合，適合做為

有信仰的朋友調配香水，或是出入宗教場合時使用的香水，當然包含婚喪喜慶這類聚會，也很適合。

† 雪松也被認為是避小人遠邪氣的能量精油，所以如果你想避免諸事不順，可以用雪松來開運。

## 雪松主題精油香水配方

 配方 **A** 喜馬拉雅雪松精油3ml＋香水酒精5ml

因為有兩種雪松且氣味差別非常大，我們先用喜馬拉雅雪松的甜香系，也可以用大西洋雪松，做為認識的開始。這種來自木心的甜香，在木系中非常少見，尾味會帶有檀香醇的韻味，所以特別適合用酒精推展，細細品嘗。

↑雪松被認為是避小人遠邪氣的能量精油，所以如果你想避免諸事不順，可以用雪松來開運。

配方 **B** 　配方A＋北美雪松精油1ml＋
松針精油1ml

　　雪松飽滿的香氣已經從前味涵蓋到後味了，所以可以添加另一種系統的北美雪松及松針做為修飾即可。當兩種雪松混合在一起的時候，飽滿香甜的特性激盪出細緻新鮮的鉛筆木香，這是芬多精控的最愛。

配方第 27 號

## 愛上雪松

喜馬拉雅雪松精油 3ml ＋北美雪松精油 1ml ＋松針精油 1ml ＋香水酒精 5ml

　　這是標準的男性香、原野香、自然香、芬多精香的配方，當然如果你參考以下的配方建議，會更多變些：

✤ 補 1ml 的香水酒精，讓它香味更淡雅些。

✤ 補充花梨木，香味的變化轉折增加更豐富些，活力強一些。

✤ 補充檜木，香味變得厚重、深沉。

✤ 補充尤加利，可以搭配出舒爽的葉香。

✤ 補充迷迭香，可以延展香味變得輕鬆些，做為戶外香水，以及消汗臭味的體香劑。

✤ 補充乳香，後味會多些細緻飽和的木香。

✤ 補充冷杉，是除了松針與絲柏外不錯的選擇。

❖ 補充馬鬱蘭，削弱香甜味，如果你不希望太甜的話。

❖ 補充杜松莓，效果類似於絲柏與馬鬱蘭，也是降低香甜感增加細緻性。

❖ 補充廣藿香，創造東方色彩與宗教特色。

❖ 補充羅勒，在香甜味中隱藏藥草香，可以增加質感。

❖ 補充岩蘭草，合適的比例能激發出雪松中的檀香醇，更具檀香的後味。

❖ 補充肉桂，溫度感與香甜味結合，能出現熱情洋溢且溫馨的氛圍。

❖ 補充茴香，辛香味與甜香味互相支援，可以得到很棒的調香香味。

## 以雪松為配方的知名香水

　　使用雪松當作配方的香水非常多，舉其常見或是以雪松為主要特色的有：

↑雪松是標準的男性香、原野香、自然香、芬多精香的配方。

Byredo
超級雪松（Super Cedar）2016
瑞典品牌香水

品牌——拜裡朵
香調——木質花香調
前調——玫瑰
中調——雪松
後調——香根草、麝香
屬性——中性香

Jo Malone London Rain Black
Cedarwood & Juniper
2014 祖瑪瓏 - 倫敦雨季 - 黑雪松
與杜松

香調——辛辣木質調
前調——孜然、甜椒
中調——杜松
後調——雪松
屬性——中性香
調香師——Christine Nagel

# 花梨木
## 亞馬遜森林

中文名稱
花梨木

英文名稱
Rosewood

拉丁學名
Aniba rosaeaodora

| | |
|---|---|
| 重點字 | 靈感 |
| 魔法元素 | 木 |
| 觸發能量 | 企劃力 |
| 科別 | 樟木科 |
| 氣味描述 | 花香、果香、木香都完美的融合在花梨木的香味中 |
| 香味類別 | 幽香／醇香／花香 |
| 萃取方式 | 蒸餾 |
| 萃取部位 | 木心 |
| 主要成分 | α-蒎烯（α-Pinene）、芳樟醇、松油醇、沉香酯 |
| 香調 | 前一中一後味 |
| 功效關鍵字 | 玫瑰／創意／變化／熱帶／雨林／生命力／平衡／創造 |
| 刺激度 | 極低度刺激性 |
| 保存期限 | 至少保存期三年 |
| 注意事項 | 蠶豆症患者不宜 |

　　花梨木又翻譯為「玫瑰木」，因其英文為 Rosewood，雖然它在品種上和玫瑰其實是毫無關係的。

　　這種原生地在亞瑪遜流域雨林地區的特殊木種，前些年因為砍伐嚴重瀕於滅絕，近年來在計畫栽種下又得以恢復正常供應，這使得花梨木的愛好者的芳療師們能比較自在的使用這種獨特的天然精華。

　　接觸花梨木精油氣味前一定要先瞭解它的產地背景，最好你能親眼目睹或親身體驗一下何謂「熱帶雨林」。那是個濕氣重、枝葉茂密、生命力旺盛的地方，如果把動植物甚至昆蟲微生物算進去，全世界生命最密集的地方，在這種環境下生長的花梨木，毫不意外的擁有最豐富的氣味。

　　我常常認為花梨木本身就是一種「複

方」，同時擁有花類精油的芬芳、木類精油的堅毅與質感，以及果類精油的甜美，每一個與我交換經驗的同好們也都同意這種說法。花梨木的氣味是複雜而又多變的，單純的品味它的氣味就是很好玩的事：你會一直聞，一直想，也一直有不同的感受，共同的方向是：越接觸一定會越喜歡這種氣味，而且男女皆然。

花梨木的氣味會婉轉變化，可是應用於香水調配上，它又變成和誰都合的友誼大使。和薰衣草一樣，我常用它來表現前味與中味，也常用它來填補任何我調香中

↑花梨木有很好的轉化能力，做為輕香水的配方
　適合用來改變、轉化體味。

的空檔。它可以讓玫瑰變得更芬芳，讓甜橙變得更甜美，讓冷杉變的更親和。簡單的說，它讓所有其他精油因為有了它，變得更好聞，並且添加了靈活的變化趣味，這當然是一瓶你一定要有的配方。

### 花梨木精油做為香水配方的使用時機

† 如果你實在沒靈感該用什麼精油做為配方，用花梨木準沒錯。

† 或是你原本的配方中，缺了某一種精油沒有，也可以用花梨木來代替。

† 花梨木被視為靈感創意的來源，很適合做為文創工作者的香水。

† 花梨木有很好的轉化能力，做為輕香水的配方適合用來改變、轉化體味，例如夏天容易有汗臭味的人，可以試試花梨木。

### 花梨木主題香水配方：文創工作者的香水

| 配方 A | 花梨木精油3ml＋<br>香水酒精5ml |
| --- | --- |

放置一天後試香，花梨木精油的香味已經被酒精拉開了，應該可以聞到花梨木前味那種帶著酸酸果香，有點像是日本梨香酒的酸甜香味，到了中味會轉甜，尾味

花梨木精油　｜　花梨木本身就是一種「複方」，同時擁有花類精油的芬芳、木類精油的堅毅與質感，以及果類精油的甜美。

不是很夠。

　　所以我們可以調整些精油，強化中後味。

| 配方 **B** | 配方A＋薰衣草精油1ml＋安息香精油1ml |

　　放置一天後試香，前味沒有那麼酸，變得更甜美，這是一顆比較熟比較甜的水梨，一直到中味，交給安息香接棒，呈現完美的香草甜味。

　　如果你是超級喜歡花梨木精油的香味，配方 A 可以讓你得到滿滿的花梨香氛，不過配方 B 可以讓香味更完整一些，算是正式的香水。

### 配方第 28 號

## 愛上花梨木

花梨木精油 3ml ＋薰衣草精油 1ml ＋
安息香精油 1ml ＋香水酒精 5ml

　　如果你還想把花梨木精油香水做些變化，可以在用過一些之後，參考下面的選項：

✤ 補 1ml 的香水酒精，讓它香味更淡雅些。
✤ 補充玫瑰天竺葵，讓這款香水變得更迷人嫵媚。
✤ 補充冷杉，可以變成中性香水。
✤ 補充迷迭香，帶來靈活的草香。
✤ 補充岩蘭草，讓後味不會太甜。
✤ 補充苦橙葉，多強調些酸香味。

✤ 補充馬鬱蘭，讓氣味更迷惑人。
✤ 補充芳樟葉，氣味變化性更強，敏感者可能會頭暈。
✤ 補充檸檬，增添活潑氣息。
✤ 或是補充其他你喜歡的精油，因為花梨木是百搭精油，所以隨便你補充什麼都能配。

### 以花梨木為配方的知名香水

 Sarah Jessica Parker Lovely
《欲望城市》主角莎拉・潔西卡・派克女性淡香精

Givenchy Ange ou Démon 紀梵希魔幻天使女性淡香精（法國前總理之女瑪莉史黛希 Marie Steiss 代言推薦！）

香調──馥郁花香調
前味──卡拉布里亞柑橘、白色百里香、藏紅花
中味──玉唇蘭、伊蘭花、百合
後味──東加豆、花梨木、香草、橡木精華

 CK Eternity Moment
永恆時刻女性淡香精

香調──甜美花果香調
前味──石榴花、荔枝、番石榴
中味──中國粉紅牡丹、西蕃蓮、睡蓮
後味──花梨木、喀什米爾覆盆子、麝香

# 檜木
## 古木森林

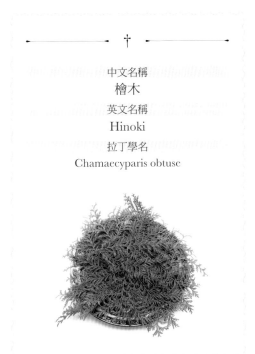

| | |
|---|---|
| 中文名稱 | |
| 檜木 | |
| 英文名稱 | |
| Hinoki | |
| 拉丁學名 | |
| Chamaecyparis obtuse | |

| | |
|---|---|
| 重點字 | 舒適 |
| 魔法元素 | 木 |
| 觸發能量 | 企劃力 |
| 科別 | 柏科 |
| 氣味描述 | 非常有特色的獨特木香，穿透力十足 |
| 香味類別 | 醇香／甜香 |
| 萃取方式 | 蒸餾 |
| 萃取部位 | 碎木屑 |
| 主要成分 | $\delta$-杜松烯（$\delta$-Cadinene）、$\alpha$-蒎烯（$\alpha$-Pinene）、$\tau$-杜松烯（$\tau$-Cadinene） |
| 香調 | 前一中一後味 |
| 功效關鍵字 | 芬多精／放鬆／紓壓／排毒／好空氣 |
| 刺激度 | 低度刺激性 |
| 保存期限 | 至少保存期三年 |
| 注意事項 | 無 |

　　檜木是台灣特產，全球七種檜木中，台灣佔了兩種：紅檜與黃檜（就是扁柏）。

　　當然台灣人對檜木的香味絕對不陌生，它就是老的原木家具所散發那種特有的深沉木香味，可以說是和每個人的記憶深深結合，例如：

　　阿公家或是老家客廳那幾個老木頭椅，坐起來硬邦邦的。

　　日式建築或是你去日本某些神社、湯屋旅社，所散發出一股純真的木味。

　　把老家具翻新創皮時會發出的香味。

　　香味和記憶的連結非常強烈，所以以上這些經驗如果你也有的話，自然能帶出檜木那種慢活、細緻、家的連結、泡湯時的紓壓、爺爺奶奶的疼愛……這些美好記憶。

↑因為檜木與記憶的結合性，所以如果你用檜木做為隨身的香味，很容易勾起別人的回憶，從而建議對你的信任感與親切感。

做為木精油，檜木是最古老的，像是木類精油的老爺爺，因為產地的獨特與稀有性，歐美芳療師與香水師並不熟悉檜木精油，因此在配方中不多見。

當然我們必須解釋清楚，現在台灣檜木精油的主要來源，都是從已經砍伐下來的檜木原料木材，在做為各種木雕時剩下的木屑蒐集起來煉油，現在並無新的砍伐。

市面上或是地攤夜市會流傳一種劣質的號稱檜木油，其實是漂流雜木拿來提煉。

正宗的檜木精油會有厚實的木香中味與微甜的後味，而漂流木或雜木的假油則會夾雜著腐味、水漬味與樹葉的雜味，有些還會帶著焦味，因為他們懶得清理就直接用燒的處理雜木。

檜木精油 ｜ 正宗的檜木精油會有厚實的木香中味與微甜的後味，而漂流木或雜木的假油則會夾雜著腐味、水漬味與樹葉的雜味，有些還會帶著焦味。

## 檜木精油做為香水配方的使用時機

† 因為檜木與記憶的結合性，所以如果你用檜木做為隨身的香味，很容易勾起別人的回憶，從而建議對你的信任感與親切感，還特別有長輩緣，所以如果男生要去女方家見長輩，用檜木保證會快速贏得好感。

† 同理，有機會與長官、大主管、大客戶面談開會提案，使用檜木做為職場香水，也一定加分，甚至還能帶來話題（因為你讓老闆想起他小時候爬上爬下的木頭桌）。

† 三十歲以下的朋友不建議使用，因為會有年齡不符的尷尬。

† 調好一瓶檜木香水送給長輩，做為隨身香或是護身香水，能改善身心靈。

## 檜木主題精油香水配方

| 配方 | A | 檜木精油2ml＋香水酒精6ml |

仔細聞你會發現檜木的香味比你想像中來得複雜。當香水酒精稀釋後，檜木的香味也立體化了，前味略透出葉香的清香，厚重木香在中味接手，但是到了後味，甜香的尾味竟有點檀香那種醇香味，因為檜木是非常多年的原料，時間的累積也會在香味的堆疊上出現。

| 配方 | B | 配方A＋絲柏精油1ml＋冷杉精油1ml |

絲柏和冷杉都是相對清爽的木香味，這種搭配就是在幽幽的古木林中，多透點陽光與清爽。

配方第 29 號

### 愛上檜木香

檜木精油 2ml ＋絲柏精油 1ml ＋
冷杉精油 1ml ＋香水酒精 6ml

這是款非常好用的配方，比較適合男性香水，給人穩重、可信、實在的形象感，也給人健康、大方的領袖氣質。不太適合調整為女性香水，但是可以多加一些細緻的草香或香料辛香成為中性香水。

✤ 補充乳香，增加些溫和的後味，並把木香更柔和的表現出來。

✤ 補充迷迭香，香味會多點靈活性。

✤ 補充尤加利，添加更多葉香味。

✤ 補充花梨木，會讓木香多些生命力也更中性。

✤ 補充杜松莓，木香可以修改得更細緻些。

✤ 補充雪松，香味更厚實且甜美。

✤ 補充岩蘭草，土木香會讓這款配方走向更堅實與接地氣。

✤ 補充丁香，辛香味會調整原先的木香出現另一種風貌。

✤ 補充黑胡椒，香味會變得老練與深度，會有更強大的影響別人的氣場。

✤ 補充肉桂，香味能多些溫暖。

# 絲柏
## 雨後的森林

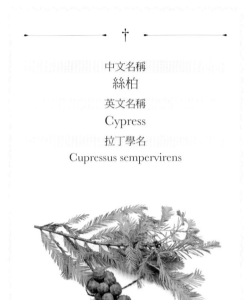

| 中文名稱 | |
|---|---|
| 絲柏 | |
| 英文名稱 | |
| Cypress | |
| 拉丁學名 | |
| Cupressus sempervirens | |

| 重點字 | 長壽 |
|---|---|
| 魔法元素 | 木 |
| 觸發能量 | 企劃力 |
| 科別 | 柏科 |
| 氣味描述 | 清澈而振奮的木頭香 |
| 香味類別 | 鮮香／清香 |
| 萃取方式 | 蒸餾 |
| 萃取部位 | 木 |
| 主要成分 | α- 蒎烯（α-Pinene）、3- 蒈烯（3-Carene） |
| 香調 | 前─中味 |
| 功效關鍵字 | 排水／收斂／芬多精／永生 |
| 刺激度 | 極低度刺激性 |
| 保存期限 | 至少保存期三年 |
| 注意事項 | 無 |

有沒有看過這樣的場景？風景如畫的歐洲，路旁筆直的大松柏樹讓人看了心曠神怡，路的盡頭就是一處大莊園或是古堡，古堡主人邀請你品嘗紅酒……哈，這種電影中的場景，大松柏樹就是絲柏，絲柏正因為它的高大筆直，因此也被認為長青長壽的代表，而絲柏精油，也讓你聞到香味的時候，彷彿看到它高大筆直的身影。

絲柏亦稱「西洋檜」，對男性來說，它的森林味道透露出穩定，堅強與信任，是男性最合適的香味。

為何稱絲柏的香味為「雨後的森林」？因為它的木香是帶著鮮度，就像是下過雨的森林一樣。絲柏在心理上有提振精神的感受，屬於正能量很強的精油，適合白天使用。例如在辦公室使用絲柏，肯定每個

人都朝氣蓬勃。

絲柏也是能瞬間改善空氣品質的精油，如果空氣中有沈悶的怪味、霉味潮味，用絲柏就對了，當然也是去除異味。我最常見的配方就是用絲柏和其他精油調配去狐臭汗臭的配方，也因為絲柏本身沒有什麼刺激性，所以用在身上也是 OK。

### 絲柏精油做為香水配方的使用時機

† 絲柏是表達「清新小鮮肉」的男性香水推薦配方。
† 絲柏也是表達海洋氣息與外向活潑性格的氛圍香水。
† 如果你覺得你的精油香水配方太柔太甜香，可以用絲柏調味，降低甜香度，但不會干擾你原來的主軸與定位。
† 絲柏的香味具有收斂性與清爽性，所以它的香味也適合身材比較胖，或是你希望看起來更顯瘦的人使用。
† 絲柏是很棒的中性香調，堅毅中帶著穿透清新，如果你想設計討好所有人的香味，別忘了絲柏。

### 絲柏主題精油香水配方

| 配方 | A | 絲柏精油3ml＋香水酒精5ml |

如果說冷杉是清「涼」木香味，那絲柏就是清「新」木香味，目前這兩種精油你應該都已經了解其基本香調的定位，能區分得出嗎？

| 配方 | B | 配方A＋乳香精油1ml＋杜松莓精油1ml |

在此乳香是為了增加後味的穩定，而杜松莓是為了增加前味與中味的靈活，添加了帶有莓果香的杜松，可以確保這個主題能讓絲柏走出自己的路。

配方第 30 號

### 愛上絲柏

絲柏精油 3ml ＋乳香精油 1ml ＋
杜松莓精油 1ml ＋ 香水酒精 5ml

因為木系精油都能有穩定的前中後味表現，所以這些木香類的單體香水配方，其實都可以調配好之後，做為個人的多變運用。男性香水原本的選擇性就少，整個木香系列就拿來做為男用香水的基礎也是很棒的選擇。

可以調整的彈性如下：
❖ 補充薰衣草，香味會多點中性與柔和。

絲柏精油 | 絲柏的木香帶著鮮度，就像是下過雨的森林一樣，在心理上有提振精神的感受，屬於正能量很強的精油，適合白天使用。

↑絲柏因為它的高大筆直，因此也被認為長青長壽的代表，而絲柏精油，也讓你聞到香味的時候，彷彿看到它高大筆直的身影。

+ 補充尤加利，添加更多葉香味。
+ 補充檜木，木香味更厚實深沉。
+ 補充雪松，香味更厚實且甜美。
+ 補充檀香，整個香氛能量會大幅上升。
+ 補充花梨木，會讓木香多些生命力也更中性。
+ 補充茴香，獨特的辛香味會讓木香多點辣味。
+ 補充沒藥，會有更甜美的後味，也能把木香襯托出來。
+ 補充岩蘭草，土木香會讓這款配方走向更堅實。

## 以絲柏為配方的知名香水

Tom Ford Italian Cypress, 2008
湯姆 · 福特 - 義大利絲柏

香調——木質馥奇香調
氣味——柑橘、羅勒、薄荷、木質香、絲柏
屬性——中性香

這是曾任 Gucci 的首席執行長的 Tom Ford 自創品牌，他曾被稱為「世界上最性感的同性戀男子」，任職期間把 Gucci 從瀕臨破產挽救回時尚寵兒。

# 松針

## 森林清晨

| | |
|---|---|
| 中文名稱 | 松針 |
| 英文名稱 | Pine Needle |
| 拉丁學名 | Pinus sylvestris |

| | |
|---|---|
| 重點字 | 抵抗力 |
| 魔法元素 | 木 |
| 觸發能量 | 企劃力 |
| 科別 | 松科 |
| 氣味描述 | 爽朗的硬木香味 |
| 香味類別 | 幽香／甜香 |
| 萃取方式 | 蒸餾 |
| 萃取部位 | 針葉和末端小枝 |
| 主要成分 | $\alpha$-蒎烯（$\alpha$-Pinene）、3-蒈烯（3-Carene） |
| 香調 | 前—中味 |
| 功效關鍵字 | 芬多精／君子／氣質／淨化／紓壓／乾淨 |
| 刺激度 | 極低度刺激性 |
| 保存期限 | 至少保存期三年 |
| 注意事項 | 無 |

　　辨識能力差的人會分不清楚：松針、絲柏、冷杉這三種精油的香味差別，但是只要你同時接觸並比較，還是能立刻分辨得出來。

　　其實就是我給這三種精油下的副標，絲柏是帶著清新雨水的木香，冷杉是帶著冰雪封頂的冷冽乾淨木香，而松針則是森林之晨，生物甦醒時，充滿朝氣的初始木香。

　　冷杉是清「涼」木香味，絲柏是清「新」木香味，松針是清「甜」木香味。

　　如果這樣說還無法給你畫面，我們可以把時間軸線拉的更長久一點，談談中國文化；因為在我們的歷史認知中，松樹稱為「君子之樹」，松與松針隨時出現在國畫中，總是那麼飄逸，並與奇人隱士同處，

松在地理的分布上，不像冷杉只有在寒帶，不像絲柏是西方為主，松樹是中國的、東方的常見樹種。

松木是各種木製品中最常用的材料，因為最容易取得，所以其實在你的生活中，處處充滿松木味。

而松針精油是以松樹的針葉及小枝做為提煉來源，所以香味又比松木的香味多了些針葉的複雜與靈活，這也是它能帶來清晨森林感的由來。所以當你接觸松針的香味時，首先會聞到標準的松木香，這是你最熟悉的，然後在松木香味之後，則是較有變化與輕靈的針葉甜味與水味，如果你腦海中浮現松木森林的清晨，松針葉尖上還沾著露水，那就表示你能徹底感受到松針精油能表達的香味了。

↑松針屬於中性香水與戶外香水，運動香水的設定，松針可以增加男性使用者的信任感，但不會覺得呆板，增加女性使用者的個性化，但不覺得頑固。

### 松針精油做為香水配方的使用時機

† 松針屬於中性香水與戶外香水、運動香水的設定，松針可以增加男性使用者的信任感，但不會覺得呆板，增加女性使用者的個性化，但不覺得頑固。

† 松針在文化上有結合了君子氣質的美名，所以如果你想調配「君子之香」，可以用松針來強化，並且也能給長輩或長官（老闆／主管）對你的印象加分。

† 松針能幫助你的思緒更有穿透力，也不會干擾別人的思緒，創意工作者在工作中使用松針的香氛可以更有效率，是極佳的職場香水。

松針精油 ｜ 以松樹的針葉及小枝做為提煉來源，香味比松木的香味多了些針葉的複雜與靈活，這也是它能帶來清晨森林感的由來。

## 松針主題精油香水配方

配方 **A** 松針精油3ml＋香水酒精5ml

在木類精油中，松樹是生長成材比較快的，也是比較年輕的樹種，因此合成的精油也屬於較為靈活，前味比較明顯，一般熟悉的木香味多半屬於松樹香。

配方 **B** 配方A＋迷迭香精油1ml＋冷杉精油1ml

光是配方 A 會有點吃虧，因為松樹香是太大眾化的香味，走近正在裝修的住家或商店，聞到的也是這種味道，所以我們會建議你再加點迷迭香及冷杉，把香味做些變化與修飾，不會讓人錯認為簡單的木工裝修味。

配方第 31 號

### 愛上松針

松針精油 3ml ＋迷迭香精油 1ml ＋
冷杉精油 1ml ＋香水酒精 5ml

迷迭香一向與乾淨的木味都很合，當香味多了些鋪陳與轉折後，就不會那麼簡單了，如果你願意再多添加些風味，還可以有更多的變化。

✤ 補充薰衣草，香味會變得細緻甜美，更像是中性香水。
✤ 補充雪松，甜香度更高且有後味。
✤ 補充薄荷，香味變得更涼爽輕鬆。
✤ 補充花梨木，香味的變化轉折增加更豐富些與生命力。
✤ 補充檜木，香味變得厚重、深沉。
✤ 補充茶樹，香味會帶點消毒感，多些安全感。
✤ 補充葡萄柚，增添很棒的果味。
✤ 補充苦橙葉或是佛手柑，都可以合適的增加舒服好聞的氣質。
✤ 補充尤加利，尤加利是水系香味，有著舒爽的葉香。
✤ 補充乳香，適合木香系的後味。
✤ 補充茴香，稍具個性的中後味添加，多些辛香味。
✤ 補充快樂鼠尾草，把草味更強調出來。

## 以松針為配方的知名香水

 Acqua di Parma Blu Mediterraneo -
Ginepro di Sardegna, 2014
帕爾瑪之水 - 藍色地中海 - 撒丁島

香調——木質馥奇香調
前調——杜松、香檸檬、胡椒、多香果、肉豆蔻
中調——鼠尾草、松
後調——雪松
屬性——中性香

這是誕生於義大利的精品品牌，後被 LV 收購。以男性香水系列聞名。

# 茶樹
## 安全與清淨

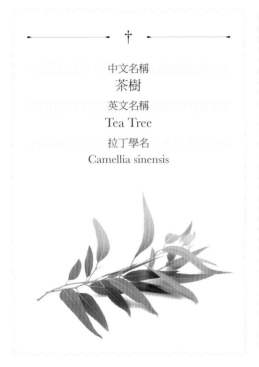

中文名稱
茶樹

英文名稱
Tea Tree

拉丁學名
Camellia sinensis

| 重點字 | 無菌 |
|---|---|
| 魔法元素 | 木 |
| 觸發能量 | 企劃力 |
| 科別 | 桃金孃科 |
| 氣味描述 | 稍刺鼻的清新穿透味 |
| 香味類別 | 刺香／清香 |
| 萃取方式 | 蒸餾 |
| 萃取部位 | 葉和末端小樹枝 |
| 主要成分 | 萜品烯 -4- 醇（Terpinene-4-ol）、τ - 松油烯（τ -Terpinene） |
| 香調 | 前一中味 |
| 功效關鍵字 | 殺菌／消毒／消炎／清潔 |
| 刺激度 | 極低度刺激性 |
| 保存期限 | 至少保存兩年 |
| 注意事項 | 勿直接接觸黏膜部位 |

在一般人的印象中，茶樹精油非常好用，但是都是用在芳療問題的處理上，很少聽說茶樹可以做為香水的配方。這實在是委屈了茶樹。

在茶樹的原產地澳洲，茶樹精油做為非常廣泛的應用，主要是在殺菌消毒方面，而茶樹的香氣也給人很明顯的殺菌、清潔、消毒的暗示，所以茶樹香味就帶有明顯的

定義：安全與乾淨，這當然也是可以做為香水的設計元素。

如果你不帶任何主觀意識去聞茶樹精油的香味，也能感受到它的消毒性、犀利性的藥香味，所以說茶樹能給人安全感。把這種安全感當作香水配方調香，就可以傳達出安全感的信息；如果是柔性的香水配方中，可以降低甜美感、性感；如果是

中性香水可以增加信任、自信、理智、權威等等的氛圍。

　　茶樹精油的香味到底好不好聞這是個主觀問題，對於只喜歡甜美柔情系系的人當然不喜歡茶樹，但是對於理性清爽穩定的人來說，茶樹就是很棒的味道，這也是用精油自己調香水另一種獨特的角度，就是只要有調配的理由，香水配方不一定就是香香的。

### 茶樹精油做為香水配方的使用時機

† 做為中性香水與男用香水，提供一種獨特的香氛氣味，表達出安全感與信任感。

↑茶樹能給人安全感，把這種安全感當作香水配方調香，就可以傳達出安全感的信息。

† 把太甜太膩的香味化解時可以用茶樹。
† 需要突破性的前味，給人清醒理智感，可以用茶樹。
† 破解臭味，例如汗臭體臭用的運動香水，破解負面環境，例如用於陰暗發霉角落的除臭用生活香水，可以用茶樹。
† 別忘了茶樹有非常棒的殺菌清淨能力，所以用茶樹精油做為香水配方，另一個收穫就是：能大幅的改善空氣品質，有益身心健康。

### 茶樹主題精油香水配方

| 配方 | A | 茶樹精油3ml＋香水酒精5ml |
|---|---|---|

　　如果你聞到這種氣味覺得像是到了醫院，我也不會怪你，因為這就是明顯的消毒殺菌香味。但是別忘了，這是植物茶樹精油的香味，不是化學消毒藥水，所以稀釋過後其實聞起來是很舒爽的，且這種香味會給人聯想到醫師、藥師、護理人員，如果你正想表達類似的專業形象，有很大的加分。

| 配方 | B | 配方A＋尤加利精油1ml＋迷迭香精油1ml |
|---|---|---|

茶樹精油　｜　有非常棒的殺菌清淨能力，所以用茶樹精油做為香水配方的收穫就是：能大幅的改善空氣品質，有益身心健康。

↑如果是柔性的香水配方中，茶樹香味可以降低甜美感、性感，如果是中性香水可以增加信任、自信、理智、權威等等的氛圍。

用迷迭香與尤加利修飾過後，還是維持乾淨清潔的氛圍形象，但是消毒感沒有那麼強烈，這是很好的居家生活香氛，也是除臭除黴除油膩等負面惡劣氛圍很好的配方。

配方第 32 號

## 愛上茶樹

茶樹精油 3ml ＋尤加利精油 1ml ＋
迷迭香精油 1ml ＋香水酒精 5ml

這是一款穿透力很強的配方，明顯的前味適合做為古龍水或生活香水，它可以立刻改善沉悶腐舊不潔的空氣，注入活力與健康。做為香水配方，它也可以提供陽光正能量的形象。不過它的中後味不足，所以還可以改良如下：

✤ 補充薰衣草，讓香味更宜人。
✤ 補充薄荷，讓前味更明顯穿透力更強。
✤ 補充甜橙，增加些天真活潑與陽光正能量。
✤ 補充檸檬，增添活潑氣息。
✤ 補充香蜂草，香味會更迷人且靈活。
✤ 補充絲柏，香味會變得清新。
✤ 補充苦橙葉，就是很棒的中性香水。
✤ 補充乳香，改善後味使更有深度。
✤ 補充雪松，香氣甜美而飽和。
✤ 補充冷杉，是不錯的男用鬍後香水。
✤ 補充茴香，多一點特有的辛香增加氣質。
✤ 補充花梨木，香味會變得婉轉多變。
✤ 補充岩蘭草，補充很好的土木香後味。
✤ 補充杜松莓，增加中性的緩衝，以及不慍不火的中味。
✤ 補充安息香，增加香草般的甜美感。
✤ 補充沒藥，增加甜美的藥草香。
✤ 補充黑胡椒，增加香味的溫度。

# 尤加利
## 葉綠素的香味

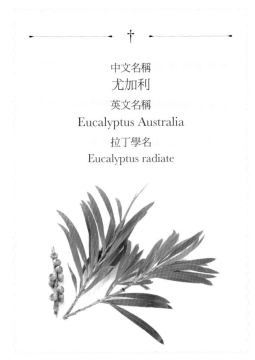

中文名稱
尤加利

英文名稱
Eucalyptus Australia

拉丁學名
Eucalyptus radiate

| 重點字 | 呼吸 |
|---|---|
| 魔法元素 | 金 |
| 觸發能量 | 溝通力 |
| 科別 | 桃金孃科 |
| 氣味描述 | 清新帶有薄荷涼味、略衝鼻、有穿透力 |
| 香味類別 | 鮮香／清香 |
| 萃取方式 | 蒸餾 |
| 萃取部位 | 葉和末端小樹枝 |
| 主要成分 | 桉油醇（Eucalyptol）、松油醇（Terpineol） |
| 香調 | 前味 |
| 功效關鍵字 | 抗蟎／呼吸／淨化／殺菌／協助 |
| 刺激度 | 中等度刺激性 |
| 保存期限 | 至少保存期兩年 |
| 注意事項 | 癲癇症患者宜先諮詢 |

　　做為最通俗且最入門的精油之一，尤加利的確是每個人想用精油達到身心靈保健最推薦的精油。

　　做為香水配方？當然可以。

　　因為尤加利就是標準的葉綠素香味，如果你只是把尤加利精油瓶蓋打開湊過去聞的味道是不準的，把尤加利精油擴散出來，揮發出來聞，才能還原真實的葉綠素能量場。尤加利公認是最能改善空氣品質的精油，也是去味能力最強，這當然是生活香水的首選，但也會是你調配個人香水時，獨特的小秘方。

　　如前所說，它搭配果類與木類精油，可以轉變與調整單純性多了生命力，且因為它的價格便宜，我把它和香茅一起都列入「群眾演員」香味：便宜、好用，香味

獨特又不干擾。

香茅是適合草類、花類的搭配精油，尤加利是適合木類、果類的搭配精油。

## 尤加利精油做為香水配方的使用時機

† 表達清爽與陽光最好的香氛氛圍。
† 尤加利有淨化空氣的能力，所以適合做為運動香水。

↑尤加利能中和並消除異味，例如新家裝修時的各種怪味想要快速消除，可以用尤加利做為配方，所以搬新家或是裝修，或是會出入一些空氣品質不良的地方，都可以做為隨身香水。

† 尤加利能中和並消除異味，例如新家裝修時的各種怪味想要快速消除，可以用尤加利做為配方，所以搬新家或是裝修，或是會出入一些空氣品質不良的地方，都可以做為隨身香水。
† 同理，還有一種妙用是消除口臭或二手菸，不管是自己的還是別人的。
† 尤加利也可以做為衣物香水，讓衣物有股舒服的太陽味，還能趕走塵蟎。

## 尤加利主題精油香水配方

| 配方 | A | 尤加利精油4ml＋香水酒精5ml |

純尤加利精油與用酒精稀釋過的尤加利，香味聞起來有很大的不同。稀釋後的尤加利香味柔和多了，不像純尤加利那樣刺鼻，能出現很棒的葉香味，所以尤加利也是大眾反應非常正面的應用型精油，因為香味宜人、用途廣泛。

| 配方 | B | 配方A＋迷迭香精油1ml |

用一點迷迭香調香，可以讓尤加利的香味更溫和，這樣的微調就夠了。

尤加利精油 | 被公認是最能改善空氣品質，也是去味能力最強的精油，所以是生活香水的首選，也是調配個人香水時，獨特的小秘方。

配方第 33 號

## 愛上尤加利

尤加利精油 4ml ＋迷迭香精油 1ml ＋
香水酒精 5ml

　　這是一款沒有壓力的生活香氛，可以
直接使用，也可以微調後做為個人香水使
用。

✤ 補充薰衣草，提供柔和且大眾化的香味。

✤ 補充馬鬱蘭，提供香味的深度氣質。

✤ 補充檸檬香茅，提供較為強烈鮮明的草
　香。

✤ 補充果類精油，提供果類的新鮮果香與
　酸香。

✤ 補充芳樟葉，有著更多變的香氣。

✤ 補充茴香，提供較為辛香的後味。

✤ 補充檜木，更為中性或男性香水的設定。

✤ 補充冷杉，香味會更透明清澈。

✤ 補充雪松，有甜美木香的定香與後味效
　果。

✤ 補充絲柏或松針，是很棒的運動香水或
　是除汗臭香水。

✤ 補充岩蘭草，增加後味與留香度。

✤ 補充丁香，讓香味更有意境耐人尋味。

↑尤加利是非常老少咸宜的大眾香味，因為葉香的特性，使得它很容易的和木類或是果類及其他葉類精油調
　配，共同營造出自然原野的氣息。

# 芳樟葉

## 飽含芳樟醇的糖果香

中文名稱
芳樟葉

英文名稱
Ho Leaf

拉丁學名
Cinnamomum camphora

| 重點字 | 台灣味 |
| --- | --- |
| 魔法元素 | 金 |
| 觸發能量 | 溝通力 |
| 科別 | 樟科 |
| 氣味描述 | 熟悉的台灣味，黑松沙士的芳香提神味 |
| 香味類別 | 鮮香／清香／葉香 |
| 萃取方式 | 蒸餾法 |
| 萃取部位 | 葉 |
| 主要成分 | 芳樟醇、樟烯、杜松醇、咖啡酸 |
| 香調 | 前一中味 |
| 功效關鍵字 | 提神／驅蟲／葉綠素／台灣 |
| 刺激度 | 略高 |
| 保存期限 | 至少保存期兩年 |
| 注意事項 | 蠶豆症患者不宜 |

　　芳樟葉是以芳樟樹的嫩枝及葉做為提煉來源，在精油界最知名的就是它飽含沉香醇，也就是芳樟醇。

　　這是一種類似糖果店所散發出的香味，甜甜的又讓人非常放鬆，所以據說沉香醇是香水工業中用量最大的原料之一。

　　如果你想知道什麼是糖果店的香味，最接近的描述就是黑松沙士或是可樂的香味了，這樣是否立刻有感覺了？因為芳樟葉的這種特質，所以在香水原料中自然少不了它，不過你用芳樟葉精油和香水工業用的芳樟素還是不同的東西：前者是自然植物提煉的精油，後者只是指其中一個主要成分。

　　雖然芳樟醇廣泛用在香水工業中，但是很少看到哪種香水會把它列為標示的香

味來源，原因頗耐人尋味。

因為芳樟葉還有樟腦成分，所以要避免有蠶豆症的病患接觸到。

芳樟葉在台灣並不陌生的，因為台灣也曾經是世界級的樟木產地，所以自然會連結到某些兒時記憶，例如剛拿出來的衣服上總是帶著些樟腦的味道。

## 芳樟葉精油做為香水配方的使用時機

† 當你設計主要的精油香水配方時，需要搭配或陪襯用的精油香味，可以用芳樟葉，它可以增加香味的厚度。

† 沉香醇的主成分可以增加香味的靈活度，讓香味不會死板更有變化性。

† 芳樟葉的比例不可過高，有些人（特別是個性比較理性的）會讓他們迷惑或是不安，因為他們無法跟上這種香味的變化性，所以適可而止就好。

† 其實另一款類似這種多變香味的精油，也是沉香醇含量比較多的精油是花梨木，使用原則也類似。

## 芳樟葉主題精油香水配方

| 配方 A | 芳樟葉精油3ml＋<br>香水酒精5ml |
|---|---|

甜葉香的前味，接著是多變的沉香醇香，就是標準的芳樟香味，更多的記憶是來自小時候鄉下辦桌請客一瓶一瓶開著喝的老配方汽水味，那種香甜的口感，也是芳樟香味。

| 配方 B | 配方A＋馬鬱蘭精油1ml＋<br>岩蘭草精油1ml |
|---|---|

這種多變的香甜味，可以用馬鬱蘭的草香與岩蘭草的土木香加以修飾，改善過甜，並增加後味的留香，讓香味更耐聞也更持久。

配方第 34 號

### 愛上芳樟葉

芳樟葉精油 3ml ＋馬鬱蘭精油 1ml ＋
岩蘭草精油 1ml ＋香水酒精 5ml

雖然經過修正，但是這款香水配方還是維持著芳樟葉那種飄忽不定的多變香味，所以補充的精油有著更多的穩定意義了。

✤ 補充薰衣草，可以增加香味的甜美度。

✤ 補充迷迭香，增加草香的穩定度。

✤ 補充甜橙，增加快樂的氣息。

✤ 補充乳香，後味會更持久且更有深度。

芳樟葉精油 ｜ 當設計精油香水配方需要搭配或陪襯用的精油香味時，可以用芳樟葉，它沉香醇的主成分可以增加香味的靈活度，讓香味不會死板更有變化性。

↑芳樟葉是以芳樟樹的嫩枝及葉做為提煉來源，在精油界最知名的就是它飽含沉香醇，這是一種類似糖果店所散發出的香味，甜甜的又讓人非常放鬆。

✤ 補充羅勒，會讓香味變成一種猜不透的狀態，這種香味會引人對你好奇，增加注意力，並且猜不透你的心思。

✤ 補充快樂鼠尾草，同上，這也是一種迷惑別人的香味。

✤ 補充香茅精油，香味會更飽和且有中味後味。

✤ 補充依蘭，大幅的增加性感的魅力。

✤ 補充肉桂，會讓香味更成熟些，也更有溫度。

✤ 補充尤加利，這也是中性香水還適合做運動香水。

✤ 補充玫瑰天竺葵，讓這款香水變得更迷人嫵媚。

✤ 補充絲柏，可以增加木香的穩定度。

✤ 補充廣藿香，可以中和原本的多變性，添加些藥香味與異國情趣。

# 苦橙葉

## 香水師最喜歡的香氣

中文名稱
**苦橙葉**

英文名稱
Petitgrain

拉丁學名
Petitgrain bigarde

| | |
|---|---|
| 重點字 | 紓壓 |
| 魔法元素 | 金 |
| 觸發能量 | 溝通力 |
| 科別 | 芸香科 |
| 氣味描述 | 香味夾著木質香，也有橙花香、青草香及濃厚的柑橘味 |
| 香味類別 | 酸香／甜香／果香 |
| 萃取方式 | 蒸餾法 |
| 萃取部位 | 葉及小枝 |
| 主要成分 | 乙酸沉香酯（Linalyl acetate）、沉香醇（Linalool） |
| 香調 | 前一中味 |
| 功效關鍵字 | 紓壓／解膩／細緻／放鬆／香水 |
| 刺激度 | 中度刺激性 |
| 保存期限 | 至少保存期兩年 |
| 注意事項 | 無 |

　　苦橙葉在橙類的家族中，具有獨特的定位。因為橙應該是大眾最熟悉的果類，如果細分，又可以分為：

　　**甜橙**（Sweet orange），在橙的標準香味上，又以甜味為主特徵。

　　**苦橙**（Sitter orange），在橙的標準香味上，又以苦澀味為主特徵。

　　**血橙**（Slood orange），在橙的標準香味上，又以酸味為主特徵。

　　以上三種果類提煉的精油中，苦橙較為少見。而葉類則以苦橙葉最常見，花類則以甜橙花與苦橙花較為常見。

　　現在來說說苦橙葉。

　　苦橙葉有特殊的英文俗名，Petitgrain，這個名稱來自法文，又稱為回青橙。

　　苦橙葉從一開始就是做為古法香水的

↑橙花的香味，與其說是沉思，不如說是一種淨化，甜橙花的味道中有甜橙的香甜單純，又有橙葉的澀中帶苦，又有花香般的餘味繚繞。

原料的。

要描述它的氣味，就要從苦橙出發，在標準的橙香味之上，多了苦澀味，這種苦澀味反增加了它的深度與耐聞度，有些人覺得甜橙太膚淺，太單純，而苦橙葉的耐人尋味性就強多了。

由於苦橙葉是從苦橙的果、葉、嫩枝都做為提煉材料，所以它的香味當然更複雜，你也可以把它想成帶著葉香的果味，或是帶著果香的葉味，且在這些香味中，又多了苦橙特有的深沉與質感，這使得苦橙葉本身就有能前中後立體展開的香味層次。

苦橙葉精油 | 從苦橙的果、葉、嫩枝都做為提煉材料，所以香味複雜，有帶著葉香的果味，或是帶著果香的葉味，且在這些香味中，又多了苦橙特有的深沉與質感。

## 橙的家族有三種

### 苦橙葉精油：簡單的放鬆

苦橙葉可以感受到一種簡單的放鬆，腦袋中血管及身體緊繃的肌肉都慢慢放下……靠著枕頭，深深的吸一口氣，哇～橙花的味道，充滿整個腦門整個異想空間。

### 橙花精油：沉思中的安眠

橙花的香味，……與其說是沉思，不如說是一種淨化，甜橙花的味道中有甜橙的香甜單純，又有橙葉的澀中帶苦，又有花香般的餘味繚繞。終於體會出為何橙花總被形容成不那麼女性的香氣，確有著知性幽雅的魅力。

隨著呼吸，我的腦袋早就一片空白，骨頭也整個鬆弛酥麻，通常不用五分鐘，什麼都不用想，馬上入睡。

不過若是在浴室，又是另一種感受，苦橙葉五滴、橙花兩滴、一池水，真的可以想一些事情，起碼泡水的時間可以很久很久也不在乎，真的可以轉移腦袋雜亂的思緒，減輕焦慮，與對時間的急躁，算是一種效用吧！

→苦橙花、苦橙葉、苦橙果都可以提煉精油，你喜歡哪一種？

### 甜橙精油：單純的快樂

至於甜橙，我喜歡它單純的快樂果感，都是用來亂灑的……灑在餐桌上的裝飾花上，灑在汽車內的闊香石中，灑在皮包裡……這樣我才會被突然冒出的香甜快樂，給我一個許多生活的驚喜。

## 苦橙葉精油做為香水配方的使用時機

† 苦橙葉飽和的香味適合春天與秋天使用。
† 苦橙葉是詩意的香味，如果你希望用香氛幫助思考或是增加靈感，可以多用苦橙葉。

## 苦橙葉主題精油香水配方

| 配方 | A | 苦橙葉精油3ml＋<br>香水酒精5ml |
|---|---|---|

↑苦橙葉是詩意的香味，如果你希望用香氛幫助思考或是增加靈感，可以多用苦橙葉。

苦橙葉是非常平衡的精油香味，兼具橙系的果香、酸香，葉的清香，尾味能帶出甜香，難怪受到香水師一致的喜愛。配方 A 能充分感受苦橙葉有層次且豐富的香味展現，光是配方 A 就是不錯的個人香水。

| 配方 | B | 配方A＋花梨木精油1ml＋薰衣草精油1ml |
|---|---|---|

在配方 A 的基礎上，加上兩種中性百搭的花梨木與薰衣草，目的是讓苦橙葉的主香系更耐聞，更為人接受。在原先明顯的橙香前味之後，溫馨柔情的薰衣草帶來花香加上草香，靈活的花梨木帶來木香與花香，使得這款配方應該是你隨手可配，且絕不失敗的經典配方。

配方第 35 號

## 愛上苦橙葉

苦橙葉精油 3ml ＋花梨木精油 1ml ＋
薰衣草精油 1ml ＋香水酒精 5ml

在這款經典配方之外，可以做的變化會讓它更有屬於你想表達的特性：

❖ 補充乳香，多了後味的定香，可以使香味更有深度也更持久。

❖ 補充迷迭香，讓草香味打底，整體香味

能更飽和。

✤ 補充甜橙,增加些天真活潑與陽光正能量。

✤ 補充雪松,補充中味與後味,香氣甜美而飽和。

✤ 補充冷杉,適合中性或男性香水。

✤ 補充依蘭,香水樹百花香會讓花香更豐富。

✤ 補充香蜂草,香味會更迷人且靈活。

✤ 補充尤加利,適合中性香水及運動香水。

✤ 補充檸檬,可以調整橙香與檸檬香。

✤ 補充玫瑰天竺葵,有更棒的花香展現。

✤ 補充岩蘭草,非常適合的後味, 香味更平衡。

✤ 補充松針,香味會變得清新並帶有木香甜味。

✤ 補充橙花,更頂級的橙香,會讓香味多一些氣質。

✤ 補充杜松莓,增加中性的緩衝,以及不慍不火的中味。

✤ 補充安息香,增加香草般的甜美感。

✤ 補充沒藥,增加甜美的藥草香。

✤ 補充茴香,多一點特有的辛香增加氣質。

✤ 補充薑,增加香味的溫度與厚度。

## 以苦橙葉為配方的知名香水

Miller Harris Le Petit Grain, 2008
米勒 · 哈瑞絲 - 獻給苦橙葉

這是屬於訂製型香水,調香師以向苦橙葉致敬的概念設計它的香氛系統。

香調──柑橘馥奇香調

前調──香檸檬、檸檬、柳丁、苦橙葉、當歸、迷迭香、葛縷子、龍蒿、薰衣草

中調──橙花

後調──橡木苔、香根草、廣藿香

屬性──中性香

調香師──Lyn Harris

↑設計香水時,每次補充不同精油,可以慢慢修正調整成更適合的配方。

# Chapter7

# 圓融飽和樹脂香系

\* \* \*

樹脂香系列大多是後味。

後味的意思不是只有後面才會出現的香味,而是越到後面越明顯,留香度比較高,性狀比較黏稠。

樹脂香多半是以酯類成分為基礎。酯類是植物自行合成的有機成分中,花時間最久,結構最複雜的。酒能越放越香就是因為隨著放置時間,酒中所含的成分慢慢從醇類轉化為酯類。

一般的精油也有類似的特性,放得越久的精油會越香,也是因為其中的成分慢慢轉化為酯類。而樹脂類精油還在植物的階段,就在不斷地合成酯類。因為樹脂對植物來說,就是植物的財庫,植物把多餘

的營養與精華，以樹脂的形式存起來，最穩定的形態就是酯類了。

樹脂類精油的黏稠，揮發性低，多半香甜，全都是因為酯類的關係。而樹脂類精油之所以能量、靈性甚至招財開運性最高，也是因為它就是從植物最珍貴的樹脂形態而來。

做為精油香水配方，樹脂類精油多半做為後味，這是非常獨特的角色，因為植物精油留香度多半很快，所以要靠樹脂類精油做為後味打底就非常重要了。

對於使用者來說這也很重要，因為化學合成的香精最為人詬病的也是定香劑的成分，有非常多的定香劑（負責後味的化學香精）被證實有致癌、導致過敏、導致嗅覺遲緩等的後遺症，歐盟每一年都會公布最新發現的香精中定香劑的致癌名單，並且嚴格管制。

簡單的說，香水中的後味，關係到香水的留香時間長短，如果是化學合成的香精定香劑，有害的機率很大，如果是植物精油的定香劑就要靠樹脂類的精油來調配了。

換個角度想，精油香水的香味持久度本來就比不上化學香精，這也是較為自然而溫和，至少對人體無害的方式。

# 乳香

## 陳年甘邑

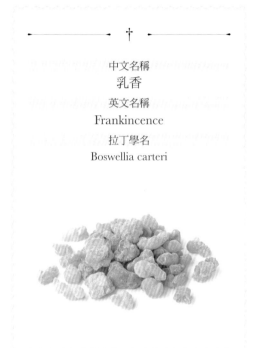

中文名稱
乳香
英文名稱
Frankincence
拉丁學名
Boswellia carteri

| 重點字 | 癒合 |
|---|---|
| 魔法元素 | 土 |
| 觸發能量 | 執行力 |
| 科別 | 橄欖科 |
| 氣味描述 | 沉靜淡雅的木質香味，源源不絕。有質感的甜香味。 |
| 香味類別 | 醇香／能量香／甜香 |
| 萃取方式 | 蒸餾／溶劑萃取 |
| 萃取部位 | 樹脂 |
| 主要成分 | $\alpha$-蒎烯（$\alpha$-Pinene），檸檬烯（Limonene）、香檜烯 |
| 香調 | 中—後味 |
| 功效關鍵字 | 撫慰／癒合／抗老／神聖／宗教 |
| 刺激度 | 中等刺激性 |
| 保存期限 | 至少保存期三年 |
| 注意事項 | 較黏稠 |

對乳香的香味印象，可以用某個使用過我們乳香的會員來信內容的描述……。

「我用了乳香在我的香氛機中，一開始很失望，因為我根本沒有聞到什麼香味，但是當我有事離開房間一陣子再回來，一開門就聞到很棒的香味，是一種很深沉的木香帶著一點甜香……。」

這就是乳香的特色，因為乳香幾乎沒

什麼前味，揮發得又慢，所以一開始的確聞不到什麼的，但是只要過一會它的香味會源源不絕而出。乳香會讓你由不得的深呼吸一口氣好好品嘗，讓它順著你的氣管而內，到五臟六腑，好的乳香香味是順暢的，滋潤的，不嗆不刺，彷彿是一種進補的香味。

非常多的芳療師都推崇乳香的優點，

↑中東的沙漠地帶是乳香的原產地。

也被稱之為「精油之王」，並且認為它可以改善非常多的身心問題。特產於中東一帶的乳香自古就是珍貴的香料，直到今日，在阿拉伯的香料市場中也處處看得到淚滴狀的乳香樹脂。

乳香又稱為「上帝的眼淚」，聖經記載當聖嬰誕生在馬廄時，東方三聖就是攜帶乳香、沒藥、黃金做為禮物，可見乳香神聖的地位與價值。

在精油香水配方中，乳香是非常好用的，因為它不會干擾別的精油的前味，所以可以和任何精油搭配，又因為它的幽靜的木香與甜香，可以延長所有其他精油香味的後味。所以無論你是要做一瓶活潑的高調的香水，還是低調的安靜的香水，乳香都很適合，可以說，乳香是精油香水入門者最簡單的選擇！直到你能掌握其他更複雜的精油香味之前，乳香就是不可能失

乳香精油　　是精油香水入門者最簡單的選擇，因為它不會干擾別的精油的前味，所以可以和任何精油搭配，又因為它的幽靜的木香與甜香，可以延長所有其他精油香味的後味。

敗的後味精油。

## 乳香精油做為香水配方的使用時機

† 在你還沒掌握各種複雜的精油香味之前，
　乳香就當作後味的首選，因為它是乾淨、
　單純、穩定的木香加上甜香的後味。
† 你也可以用乳香為主題，加上一些木類
　精油，好好的把木香味發揮成很棒的男
　用香水，或者搭配果類與草類精油，調
　出中性香水或是少女香水。
† 在後味變化上，乳香也可以與其他後味
　精油調配，做為穩定。因為乳香有安撫
　其他香味的能力，也有極高的宗教能量，
　做為安撫性的隨身香水配方，乳香有穩
　定情緒的力量。

## 乳香主題精油香水配方

| 配方 | A | 乳香精油3ml＋香水酒精3ml |
| --- | --- | --- |

　　用等比的酒精：精油濃度，是因為乳
香的前中味太低，只有後味，所以如果想
先掌握乳香的香味，必須等比例，且至少
放置一天。

　　如前所說，乳香的前味只有淡淡的甜
香味，而在後面才會出現深度的醇香味，
所以配方A是非常低調的。

←乳香又稱為「上帝的眼淚」。

| 配方 | **B** | 配方A＋沒藥精油1ml＋冷杉精油1ml＋香水酒精2ml |
|---|---|---|

這是依照乳香的木香系，補上冷杉表達前味，沒藥表達中後味，香味更完整些。

配方第 36 號

## 愛上乳香

乳香精油 3ml ＋沒藥精油 1ml ＋
冷杉精油 1ml ＋香水酒精 5ml

這款算是比較清爽的背景香水配方，沒有太強的主控香味，若有似無的木質細緻香氛但是香味卻很持續，你可以把整款配方當作底香，再用更有個性的精油配方做加強，就可以輕鬆的調配出很棒的香水。

✢ 補 1ml 的香水酒精，讓它香味更淡雅些。

✢ 補充薰衣草，做為花香與草香的延續。

✢ 補充迷迭香，可以延展香味變得輕鬆些。

✢ 補充檜木，更強調深沉的木香香味。

✢ 補充葡萄柚，成為很有人緣的大眾香水。

✢ 補充花梨木，香味的變化轉折增加更豐富些。

✢ 補充馬鬱蘭，文藝氣息更強烈些。

✢ 補充杜松莓，在木香中增加細緻性。

✢ 補充洋甘菊，出現強勢香甜的多彩花香。

✢ 補充廣藿香，創造東方色彩與宗教特色。

✢ 補充羅勒，在香甜味中隱藏藥草香，可

↑ 很多芳療師都推崇乳香的優點，稱之為「精油之王」，並且認為它可以改善非常多的身心問題。

→乳香幾乎沒什麼前
味，揮發得又慢，
所以一開始的確聞
不到什麼的，但是
只要過一會它的香
味會源源不絕而出。

以增加質感。

✤ 補充佛手柑，增加有氣質的酸香與果香。

✤ 補充岩蘭草，後味能呈現的香味更飽和
而令人驚豔。

✤ 補充肉桂，溫度感與木香味結合，能出
現熱情洋溢且溫馨的氛圍。

✤ 補充茴香，增加獨特的辛香味，可以得
到很棒的調香香味。

✤ 補充依蘭，轉化為非常女性的香味。

✤ 補充玫瑰，更為升級的女性香水。

✤ 補充茉莉，會被茉莉主控全場，乳香配
方成了背景香氛。

## 以乳香為配方的知名香水

 Profumum Roma Olibanum, 2007
羅馬之香

氣味——橙花、檀香木、焚香、沒藥

 Goutal Paris Encens Flamboyant,
2007
古特爾 - 天方夜譚系列 - 火焰乳
香

香調——東方調

前調——焚香、粉紅胡椒、胡椒、紅
漿果

中調——肉豆蔻、焚香、小豆蔻、鼠
尾草

後調——冷杉、焚香、乳香脂

屬性——中性香

調香師——Isabelle Doyen, Camille

這是該品牌天方夜譚系列：乳香、沒
藥、琥珀、麝香四瓶中的第一瓶，又稱為
中東系列，因為全部以阿拉伯色彩濃厚的
配方成分。

# 沒藥

## 埃及豔后的秘密武器

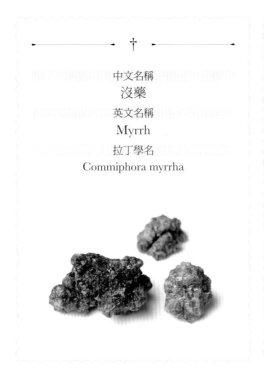

中文名稱
沒藥

英文名稱
Myrrh

拉丁學名
Commiphora myrrha

| 重點字 | 埃及艷后 |
|---|---|
| 魔法元素 | 木 |
| 觸發能量 | 企劃力 |
| 科別 | 橄欖科 |
| 氣味描述 | 濃郁芬芳的樹脂味，尾味帶有香甜的花香及高貴的藥草氣質 |
| 香味類別 | 藥香／醇香／甜香／熟香 |
| 萃取方式 | 酯吸萃取／蒸餾 |
| 萃取部位 | 樹脂 |
| 主要成分 | 變胺藍（Variamine）、α-癒創木烯（α-Bulnesene） |
| 香調 | 中—後味 |
| 功效關鍵字 | 滋潤／修護／東方／殺菌／法師 |
| 刺激度 | 中等度刺激性 |
| 保存期限 | 至少保存期三年 |
| 注意事項 | 非常黏稠 |

　　熟悉古文明歷史的都知道埃及艷后和羅馬帝國的凱撒大帝相遇的這一段。

　　羅馬軍團席捲各地，戰無不勝，埃及公主雖是指定的王位接班人，卻被政敵放逐，逃離首都，得知凱撒大軍正追逐敵軍來到埃及的附近，於是這位性感的埃及公主以毛毯裹身，命人送至凱撒的房間。

　　雖說凱撒征服天下，但埃及公主卻征服了凱撒，一夜情之後，埃及公主成了凱撒的情婦，凱撒並助她奪回王位，兩人坐著皇家遊船，共浴愛河。這段情史後來做為《埃及艷后》的電影題材。

　　沒藥，就是埃及艷后保養頭髮的配方，沒藥在當時本就是極為珍貴的香料，並且有滋潤的功效，做為埃及皇家公主，享用當之無愧，而這種奇香也讓凱撒為之動情

不已。

要知道香料是古代最珍貴的東西，不然也不會用乳香沒藥與黃金做為聖嬰誕生的獻禮。沒藥有股獨特的香味，溫和甜美，撫慰心靈，有著與乳香類似的安撫性但是更甜美些，有點像是川貝枇杷膏那種甜甜的藥草味，但是更複雜些，也更特殊些。

香味會勾起記憶，這是我們一再強調的，聞到某人特定的某種香味，你也會想起和這個人在一起的種種美好。埃及公主掌握到一次見到凱撒的機會，就要讓他驚為天人，從此難忘種種的美好，那麼公主身上帶的體香，髮梢上的香味，都是魔法武器，讓人難忘。或許當你讀到這段故事，又能同時聞到沒藥的香味，你也會把沒藥和埃及艷后連結在一起，也會對沒藥產生莫名的好感與憧憬，可以讓你好好的善用沒藥，成為你的魔法武器。

### 沒藥精油做為香水配方的使用時機

† 沒藥精油打底，如果配上濃郁的香味則是發揮熱情似火的濃香系，適合表達熱情；反之如果搭配溫和清爽的配方則是屬於療癒系，可以安撫與平靜心靈，沒藥可以發揮的角度非常全面。

† 沒藥在香味系統中定義為東方香（這裡

的東方指的是阿拉伯、伊斯蘭的中東，不是亞洲的遠東），因為結合的歷史典故，也有濃厚的宗教氣息與古埃及氛圍。對於我們來說，可以定義為異國情調。

† 在辦公室或是較為正式的場合不建議用沒藥，因為香味太騷動，但是如果你想表達對激情的渴望，在臥房用上沒藥配方氛圍的香水，應該很容易發生一夜情。

### 沒藥主題精油香水配方

| 配方 | A | 沒藥精油3ml＋香水酒精5ml |
| --- | --- | --- |

沒藥雖是後味強烈的樹脂類精油，但是其前味中味也很明顯，用酒精單獨展開聞香，那種屬於阿拉伯世界的濃香應該可以給你很深刻的印象。甜香與醇香並重，還有濃郁的藥草香，沒藥在香水配方中，可以給你飽足感。

| 配方 | B | 配方A＋雪松精油1ml＋依蘭精油1ml |
| --- | --- | --- |

因此我們在搭配沒藥的支援配方時，也可以用兩種濃香明顯的雪松與依蘭，它們不但不會掩蓋沒藥獨特的香味，還能激發出更強的香氛，花香與甜木香，加上原

沒藥精油　　如果配上濃郁的香味則是發揮熱情似火的濃香系，適合表達熱情，反之如果搭配溫和清爽的配方則是屬於療癒系，可以安撫與平靜心靈。

本的醇香與藥草香，因此這款配方的飽和
度很高。

配方第 37 號

## 愛上沒藥

沒藥精油 3ml ＋雪松精油 1ml ＋
依蘭精油 1ml ＋香水酒精 5ml

這款配方比較熟齡，也比較貴氣與奢
華感，一如它最古老的主人：埃及艷后與
羅馬大帝一樣，性感成熟且強勢，如果還
想把香味做變化，可以：

✤ 補充檀香，讓後味出現強大的氣場能量。

✤ 補充玫瑰，香味再升級。

✤ 補充茉莉，這是唯一比玫瑰還強勢的香
味。

✤ 補充乳香，舒緩一下香味的強度，在後
味中出現更細緻的木香。

✤ 補充安息香，會讓香味更甜膩。

✤ 補充薑，讓熱情再升級。

### 以沒藥為配方的知名香水

 Goutal Paris Myrrhe Ardente, 2007
古特爾 - 東方系列 - 沒藥微焰

香調──東方調
前調──沒藥、零陵香豆、安息香脂
中調──癒創木、沒藥、香根草
後調──蜂蠟
屬性──中性香
調香師──Isabelle Doyen, Camille
　　　　Goutal

這是設計香水中專門把沒藥做為主題，
並且配上火焰的元素搭配出熱辣辣的沙漠
氣息香水。

→沒藥有股獨特的香味，
溫和甜美，撫慰心靈，
有著與乳香類似的安撫
性但是更甜美些，有點
像是川貝枇杷膏那種甜
甜的藥草味，但是更複
雜些，也更特殊些。

# 檀香
## 神聖黃金樹

中文名稱
**檀香**

英文名稱
Sandalwood

拉丁學名
Santalum album

| | |
|---|---|
| 重點字 | 精油之神 |
| 魔法元素 | 木 |
| 觸發能量 | 企劃力 |
| 科別 | 檀香科 |
| 氣味描述 | 木質香的頂級，細緻且後味源源不絕 |
| 香味類別 | 醇香／能量香／甜香／熟香 |
| 萃取方式 | 蒸餾 |
| 萃取部位 | 木心 |
| 主要成分 | E- 香欖醇（E-Nuciferol）、α - 檀香醇（α -Santalol）、金合歡醇（Farnesol） |
| 香調 | 前一中一後味 |
| 功效關鍵字 | 能量／回春／性靈／撫慰／靈感 |
| 刺激度 | 極低度刺激性 |
| 保存期限 | 至少保存期三年 |
| 注意事項 | 無 |

　　很多人認知的檀香，就是廟裡拜拜燒香的那種味道，或者認為家裡鋪的木地板有所謂檀香木，紫檀木……也是檀香，這當然是非常錯誤的。

　　檀香木是一種半寄生木，樹齡要達三十年以上才能煉油，六十年以上才能煉出好的精油，差別就在檀香醇與檀香酯的比例。檀香因為香味獨特，在印度被視為經濟價值極高的樹木，目前在印度的每棵檀香木都有編碼，被當地政府列管。近年來由於大量的砍伐，使得檀香木數量銳減，所以印度官方也採取限制出口的措施。因此，有許多精油廠商美其名為了環保，為了下一代還看得到檀香，所以出現很多假檀香木代替，這也是為什麼市面上的檀香味道懸殊極大的原因。

↑檀香木是一種半寄生木，樹齡要達三十年以上才能煉油，六十年以上才能煉出好的精油。

檀香精油的品種其實並不多，全世界產檀香木的只有在印度和澳洲。

澳洲的檀香不是原產地，適應力不夠，所以味道不夠沈靜，木質的甜味不夠，算是較劣等的檀香精油，價格也較低廉，也有以「澳洲白檀」稱之。而在印度生長的檀香木當然也有等級之分，主要的正宗檀香是來自東印度的麥索爾。而號稱西印度檀香的，大多指的是阿米香樹，其味道不明顯，精油性狀較黏稠，產油量較多，價格便宜，功效與氣味上和檀香完全不同。

## 正宗東印度檀香香味有多神奇

要確實掌握檀香的香味，要從幾種方向來體會：最立體的香味展現就是用擴香儀或香氛機，開始的時候，會隱約聞到一些較為厚重的木香味，很舒服的進入你的

檀香精油

檀香的甜味，不是簡單的膚淺的甜，而是滿足的，心悅誠服的甜，有點像得到答案，悟到真理般的和氣知足。檀香的木味，則是剛而不硬，還帶著木質的細緻。

呼吸道；只要一陣子之後，檀香就會佔滿你的整個空間，超過你的想像的氣場源源不絕湧來，那是一種很清雅但是能量很強的香味！似有還無，一陣又一陣的在空中飄逸，不像薰燒的方式那麼嗆鼻。

這時你的身上、衣服上都會沾著檀香香味，就像是一股隱形的氣場一樣的保護你，和你靠近的人，都會覺得你今天氣質非凡，有種說不上來但是存在的差異，這不是瞎掰，這是真正用上好的檀香才能打造出來！

之所以要特別為真正好的檀香精油做香味分析，是因為市面上絕大多數都不是正宗的檀香，也讓一般人把假檀香誤以為就是檀香，因此對檀香有很多誤解，最常見的誤解就是，「我不喜歡檀香，因為很嗆，總讓我想到宮廟和拜拜。」

檀香的甜味，不是簡單的膚淺的甜，而是滿足的，心悅誠服的甜，有點像得到答案，悟到真理般的和氣知足。檀香的木味，則是剛而不硬，還帶著木質的細緻。

## 能量最強的檀香精油

再舉一個真實案例，曾有個使用者反應，他們家附近有辦喪事，每次經過時都會有點心神不寧，回家後也覺得無法平靜，於是他用檀香為底調了一瓶香水使用，就覺得安逸許多，這也是檀香做為隨身香水的用法。

## 檀香精油做為香水配方的使用時機

† 檀香在精油中是非常高單價的，但是其強勁的後味與持久不散的香氣也十分值得。

† 有最強的氣質氣場，檀香可以說是避小人，解厄開運，化解負能量的能量香水配方首選。

† 檀香也是王者之香，所以做為主管、領導人辦公室的背景香水，氣質非凡。

↑ 正宗檀香木產於印度麥索爾。

† 檀香的後勁帶著特有的甜香味，有一種征服的暗示，所以也可以用在臥房增加情趣，因為征服感帶來的性感，狂野無上限！

† 在社交場合使用檀香，則是另一種高明的配方，無疑向全場暗示你的出眾氣質，鎮壓全場同性，收服全場異性，男性女性使用皆然。

忘的後味。醇香入鼻時會讓你感受到它的純淨，甜香可以有一種「甜在心頭」的舒適感，檀香香水上身後，無形中會給你形成一層隱形的防護氣場，你本人不自覺，但是所有你周圍的人都會感應到。因為嗅覺的疲勞，檀香的香味過一會你可能就沒感覺了，但是只要經過你附近的人，都會發現你的不同。

## 檀香主題精油香水配方

| 配方 | A | 檀香精油2ml＋香水酒精5ml |

雖然只有後味，但是這絕對是讓你難

| 配方 | B | 配方A＋乳香精油1ml＋雪松精油1ml＋岩蘭草精油1ml |

雪松在此只是做為檀香的前味開場用，而乳香則是與檀香共同做為後味的輔助。

↑在社交場合使用檀香，是一種高明的配方，無疑向全場暗示你的出眾氣質。

↑檀香給人不凡的氣質,一出場就是贏家,且香味持久也超過你的想像。

這種配方可以延長檀香的香味,換個角度看也就是節省檀香的用量。

配方第 38 號

## 愛上檀香

檀香精油 2ml ＋乳香精油 1ml ＋
雪松精油 1ml ＋岩蘭草精油 1ml ＋
香水酒精 5ml

　　檀香給人不凡的氣質,一出場就是贏家,且香味持久也超過你的想像。這款配方以簡單大方為主,不太需要修飾,但是你也可以做以下的添加:

✤ 補充薰衣草,做為香味打底。

✤ 補充花梨木,讓木香多些變化。

✤ 補充茉莉,強勢主導前味使之更女性化。

✤ 補充天竺葵,增加香味的溫度。

### 以檀香為配方的知名香水

 Tom Ford Santal Blush, 2011
湯姆 ・ 福特 - 嫣紅檀香

香調——木質東方調
前調——肉桂、葛縷子、辛香料、胡
　　　　蘿蔔籽、葫蘆巴
中調——茉莉、依蘭、玫瑰
後調——麝香、檀香木、雪松、安息
　　　　香脂、沉香(烏木)
屬性——女香
調香師——Yann Vasnier

　　TF 專業香水品牌以檀香為主調調配的主題香水,超級濃郁的檀香味,而搭配的其他香味更強烈的凸顯檀香厚度。

# 岩蘭草
## 芳香的泥土香

| 中文名稱 | | 重點字 | 信心 |
|---|---|---|---|
| 岩蘭草 | | 魔法元素 | 土 |
| 英文名稱 | | 觸發能量 | 執行力 |
| Vetiver | | 科別 | 禾本科 |
| 拉丁學名 | | 氣味描述 | 明顯的土木香，深厚的草根香味，後勁十足 |
| Andropogon muricatus | | 香味類別 | 濃香／醇香／能量香／泥香 |
| | | 萃取方式 | 蒸餾法 |
| | | 萃取部位 | 草根 |
| | | 主要成分 | 岩蘭草醇、岩蘭草酮 |
| | | 香調 | 中—後味 |
| | | 功效關鍵字 | 自信／土木／根基／安撫／修復／定香 |
| | | 刺激度 | 中等度刺激性 |
| | | 保存期限 | 至少保存期三年 |
| | | 注意事項 | 非常黏稠 |

　　芳療精油界稱之為岩蘭草，香水界則是大大有名的香根草，普遍用於各種香水配方中，因為岩蘭草（或稱香根草）是自然植物精油中最特別的香味：土木香。

　　我們常說「芬芳的泥土」，但這大概只是文人的雅興，應該沒有人覺得泥土是香的，但是岩蘭草卻提煉出了土味的神韻，泥土的精華，因為岩蘭草是從草根提煉精油，真實的還原並且發揮了土香的特點，

可以說是最接地氣的精油香味。

　　這種獨特的香味元素，也反映在岩蘭草的應用特點上：它在心靈面是最能鎮定、安撫，給予自信心的香味，因為在五行中土元素也是財氣的象徵，有土斯有財，所以開運帶財的運勢也是岩蘭草的特點。更別提在香水界的使用，香根草其實比岩蘭草更有名，廣泛用於各種香水配方中，成為凸顯土木香的最佳代言人。

要怎麼形容岩蘭草的土木香呢？初聞時帶著新鮮苔蘚與普洱茶那種濕濕溫暖的香味；接著就會聞到厚實而複雜的各種大地元素的深沉香味，類似於巧克力加上咖啡那種深沉的香味；接著酯的成分讓尾味回甘，這時你才認識到，原來泥土真的是芳香的。

雖然岩蘭草是用草根為提煉，我們還是把它放在樹脂類的分類中，因為岩蘭草精油的特徵：黏稠，後味強勁，其實比較像是樹脂類的特性。

### 岩蘭草精油做為香水配方的使用時機

† 開運招財的香味，做生意、跑業務、打

↑岩蘭草在心靈面是最能鎮定、安撫，給予自信心的香味，因為在五行中土元素也是財氣的象徵，有土斯有財，所以開運帶財的運勢也是岩蘭草的特點。

麻將、買彩券……都可以用它當作開運香氛。

† 增加信心的香味，面試、演講、發表、上台……都可以用岩蘭草增加你的穩定與自信心。同理，這也可以做為增加安全感的香味，老公今天出差不在家睡覺，一個人怕怕，就可以用岩蘭草當作臥室香氛、睡前香水。

† 岩蘭草是非常棒的後味與定香配方，所以在你各種精油香水配方中，都可以試試用它當作定香，就算是同一款配方，光是改變後味的組合，例如乳香、沒藥、岩蘭草、安息香……都可以改變整款配方的方向。

### 岩蘭草主題精油香水配方

| 配方 | A | 岩蘭草精油3ml＋香水酒精5ml |
| --- | --- | --- |

土木香幾乎可以包容一切，因為大地萬物都是由土而生，入土為安，土地是自然界一切的開始與結束，香味也是如此。所以又稱香根草的岩蘭草幾乎存在任何香水配方中。從配方A的厚實泥土香味中，你也可以找到香味的根源，獲得一種踏實的感覺。

岩蘭草精油 | 岩蘭草是從草根提煉精油，真實的還原並且發揮了土香的特點，可以說是最接地氣的精油香味。

| 配方 | **B** | 配方A＋迷迭香精油1ml＋絲柏精油1ml |

迷迭香修飾了草香，絲柏修飾了木香，在土木香的基礎上，用什麼配方都顯自然，所以說岩蘭草是百搭的後味定香。

配方第 39 號

## 愛上岩蘭草

岩蘭草精油 3ml ＋迷迭香精油 1ml ＋絲柏精油 1ml ＋香水酒精 5ml

這是一款很清新自然的植物香水配方，屬於樸實無華且親人的中性香水，在這個基礎上，可以添加其他的元素做調整，出現更多的變化。

✤ 補充薰衣草，維持中性親切路線的大眾香水。

✤ 補充葡萄柚／佛手柑，添加活潑的果香味。

✤ 補充天竺葵，添加溫暖的玫瑰花香。

✤ 補充香蜂草，香味調整為更靈活鮮明的風格。

✤ 補充松針，增加更多的中性木香，偏向男用香水或運動香水。

✤ 補充廣藿香，另一種深厚的土木香及藥香味。

✤ 補充安息香，更為放鬆與甜美的後味補充。

✤ 補充依蘭，強調花香味。

✤ 補充茴香，添加辛香味。

✤ 補充黑胡椒／薑，增加暖香味。

## 以岩蘭草為配方的知名香水

 Tom Ford Grey Vetiver, 2009
湯姆 · 福特 - 灰色香根草

香調——辛辣木質調
前調——葡萄柚、橙花、鼠尾草
中調——肉豆蔻、鳶尾根、甜椒
後調——香根草、木質香、琥珀、橡木苔
屬性——男香
調香師——Harry Fremont

香水專業品牌 TF 以岩蘭草為主題發揮的男性香水，彷彿走入秋天金黃森林，地上橡木苔新鮮的香味彷彿在眼前。

 Guerlain Vetiver, 2000
嬌蘭 - 香根草（偉之華）

香調——木質馥奇香調
前調——肉豆蔻、芫荽、橘子、橙花油、香檸檬、煙草、檸檬
中調——康乃馨、檀香木、胡椒、鳶尾根、鼠尾草、香根草
後調——皮革、零陵香豆、琥珀、麝貓香、橡木苔、香根草、沒藥
調香師——Jean-Paul Guerlain

精品品牌嬌蘭則是把所有吸引成熟女性的香味做成這瓶偉之華。

# 安息香
## 甜香宛如美夢

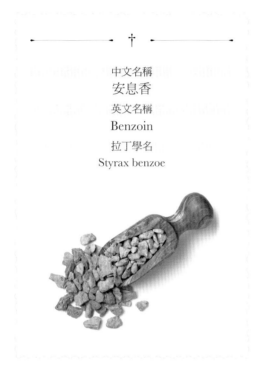

中文名稱
安息香
英文名稱
Benzoin
拉丁學名
Styrax benzoe

| 重點字 | 甜美 |
|---|---|
| 魔法元素 | 地 |
| 觸發能量 | 體力 |
| 科別 | 安息香科 |
| 氣味描述 | 香甜的香草味，帶有安全感與撫慰心靈的特性 |
| 香味類別 | 濃香／藥香／甜香／熟香 |
| 萃取方式 | 溶劑萃取 |
| 萃取部位 | 樹脂 |
| 主要成分 | 肉桂酸乙酯（Ethyl cinnamate） |
| 香調 | 中—後味 |
| 功效關鍵字 | 滋潤／柔化／安全感／單純的快樂 |
| 刺激度 | 中度刺激性 |
| 保存期限 | 至少保存期三年 |
| 注意事項 | 非常黏稠 |

安息香彷彿香草冰淇淋的香甜味，是第一種直覺香味，但是不似香草那種單純的天真的香味，安息香還多了類似蜂蜜枇杷膏的藥香味，雖也是甜美，但是是一種滋潤的甜，好像聞到這種香味，嗓子都順了，唱歌會特別好聽。所以稱之為如美夢般的甜美，安息香後味中還帶著母乳奶香味，這當然也是小寶貝最喜愛的香味。

安息香在香水界也很有名，知名的香水「鴉片」，就是用安息香當作成熟與性感的象徵。有人形容它是「陳皮與木屑的混合香味」，也有人用安息香調配出「盛裝打扮的貴婦」香水，但是別忘了！這都是要看你怎麼搭配別的精油香味，想要勾引出哪種方向，做為出發點，它還是那種美夢般的香甜與滋潤。

↑安息香有越久越香的特質，安息香的用量少些可以表達出乳香，比較接近天真愉快，用得多些可以表達出濃情與成熟。

### 安息香精油做為香水配方的使用時機

† 前味與中味用的是偏花香系列的精油配方，安息香可以表現出性感到成熟熱情的後味。前味與中味用的是偏木香，或是清新系列的草香的精油，安息香又可以調整香味的厚度與溫度，變得比較中性或是親和性。

† 安息香有越久越香的特質，安息香的用量少些可以表達出乳香，比較接近天真愉快，用得多些可以表達出濃情與成熟，這些都是調配時要注意的，適量就好。

† 如果你原來用的精油是比較有個性的，例如快樂鼠尾草、羅勒、白松香……可以用安息香安撫其獨特的個性香味，變得比較柔和些。

† 你也可以用安息香調配嬰兒香水。剛出生的嬰兒就有嗅覺，能聞出媽媽的味道，能找到乳水的來源，這是天生本能，而這些香味也構成基本的安全感，很多人習慣用一條從小就在用的舊枕頭也是這個原因。因此，用安息香調配一種特殊的香味給寶寶，有著安全感的提示，可以讓寶寶身心發育更健全。

### 安息香主題精油香水配方

| 配方 A | 安息香精油2ml＋香水酒精5ml |
|---|---|

安息香是香味明顯的精油，所以只要2ml都可以建立足夠的主香調。

香甜如香草的前味，還是聞得到藥草香的中味，和滋潤平實的後味，如果你想走甜美系、果香系的香水，安息香是非常好用的配方。

| 配方 B | 配方A＋岩蘭草精油1ml＋甜橙精油1ml＋＋薰衣草精油1ml |
|---|---|

岩蘭草增加香味的深度，讓香味更耐

安息香精油 ｜ 安息香在香水界也很有名，知名的香水「鴉片」，就是用安息香當作成熟與性感的象徵，有人形容它是「陳皮與木屑的混合香味」。

聞，甜橙和薰衣草共同增加安息香的香甜感特徵，也增加它的討喜程度，讓這種香味更受大眾歡迎。

配方第 40 號

## 愛上安息香

安息香精油 2ml ＋岩蘭草精油 1ml ＋
甜橙精油 1ml ＋薰衣草精油 1ml ＋
香水酒精 5ml

這款配方給人充分的安神放鬆感，適合晚上入睡前的氛圍，或是辛苦一天回家後，用在浴缸泡澡，經典的撫慰放鬆香氛。

你還可以調整配方內容如下：

✤ 補 1ml 的香水酒精，讓它香味更淡雅些。
✤ 補充迷迭香，讓香味展開得更平衡些。
✤ 補充乳香，多些細緻木香的後味。
✤ 補充果類精油，可以讓香味更受歡迎。
✤ 補充香蜂草，香味會更迷人且靈活，讓你多些創意！
✤ 補充苦橙葉，療癒紓壓效果更佳。
✤ 補充洋甘菊，瞬間香味升級變得超甜美療癒系。
✤ 補充橙花，會讓香味多一些氣質。
✤ 補充花梨木，香味會變得婉轉多變。
✤ 補充香茅精油，可以讓香味更厚實。
✤ 補充雪松，香氣會更偏甜也更飽和。
✤ 補充冷杉或松針，是不錯的中性香水。
✤ 補充依蘭，推薦入睡前得臥房氛圍。
✤ 補充茴香／廣藿香，多一點異國情調。

配方第 41 號

## 寶貝搖籃曲

安息香精油 1ml ＋洋甘菊精油 1ml ＋
葡萄柚精油 1ml ＋玫瑰天竺葵精油
1ml ＋乳香精油 1ml ＋香水酒精 5ml

這是一款專門推薦給小寶貝房間或搖籃床用的嬰兒房香氛。在寶貝成長的過程中，給予安全／溫暖／保護性的香味，可以讓小寶貝的成長發育階段，有著穩定且自信的輔助。這款帶點奶香味微甜的配方，不但在香氛上有著完美的氛圍，在精油的成分中也提供了許多珍貴的呵護成分，自然的呼吸吸收，分分秒秒的照顧你的小心肝！

### 以安息香為配方的知名香水

 Guerlain Bois d'Armenie, 2006
嬌蘭藝術沙龍—亞美尼亞木香

香調──木質東方調
前調──鳶尾花、粉紅胡椒、焚香
中調──芫荽、安息香、癒創木
後調──廣藿香、麝香、苦配巴香脂
屬性──中性香
調香師──Annick Menardo

這是嬌蘭當紅香水師以安息香為主題設計的一款亞美尼亞風的香水。在香水物語中解釋為「準備好再談一場戀愛」。

# Chapter8

## 溫暖厚實香料種籽香系

\* \* \*

香料系統多半是我們熟悉的香味，因為在我們生活中早已接觸，只不過不是以精油或是香水，而是生活經驗。

美食與良藥，就是香料香的基礎，共同的特徵是，都絕對是李時珍《本草綱目》中有記載的中藥草，分別都有對人體相當的滋補或是藥用，每種精油的香味也都會牽動大家的記憶與印象。所以說，香料香是有記憶的香味。

廣藿香，絕對是中藥店的記憶；茴香、肉桂，絕對是滷肉鍋的記憶；黑胡椒、薑，絕對是冬令進補的記憶；羅勒，也和三杯料理關係密切。

當這些熟悉的香味成了精油香水的配

方,又有什麼特點呢?

　　首先,它能牽動聞香者的記憶,這是好事,因為會讓聞香者覺得有些熟悉有些親切,要是又和某段特殊的記憶能結合那更棒,好感度加分。

　　這些精油既然都是滋補調理身體最棒的食材,也表示它們含有身體所必須的某些精華,可見得在身心靈的幫助上,療效度加分。

　　在前中後味的表現上,這些精油都有傑出的變化度,一個滷蛋有了茴香讓它更香更有食欲,那麼把茴香加到你的香水配方中又能有什麼表現,讓我們拭目以待。

　　「秀色可餐」這個成語,又有新的延伸引用了!!

# 廣藿香
## 神秘的東方香

中文名稱
**廣藿香**
英文名稱
Patchouli
拉丁學名
Pogostemoncablin

| | |
|---|---|
| 重點字 | 中藥 |
| 魔法元素 | 水 |
| 觸發能量 | 交際力 |
| 科別 | 唇形科 |
| 氣味描述 | 強烈的泥土味、木質味 |
| 香味類別 | 藥香／異國香／暖香 |
| 萃取方式 | 蒸餾 |
| 萃取部位 | 葉全株 |
| 主要成分 | 廣藿醇（Patchoulol）、$\alpha$-癒創木烯（$\alpha$-Guaiene） |
| 香調 | 中—後味 |
| 功效關鍵字 | 殺菌／修護／平衡 |
| 刺激度 | 略強度刺激性 |
| 保存期限 | 至少保存期兩年 |
| 注意事項 | 懷孕期間宜小心使用，非常黏稠 |

　　廣藿香可以說是香水原料中，最能代表東方香味的精油了。

　　廣泛的使用在各種香水配方中，甚至連電影《香水》中，主角破解暢銷香水「愛神與賽琪」的配方時，也說出成分中有廣藿香。

　　但是廣藿香對東方人的我們來說，卻是一種再熟悉也不過的香味了，因為廣藿香有很明顯的藥草味，事實上，只要聞過的人都會同意它就是中藥店裡面最常聞到的那種藥草香味。

　　廣藿香精油是東西方都有盛名的藥草，在西方叫做廣藿香（Patchouli），在中國就是藿香，因為藿香產於兩廣之地，又稱為廣藿香。

　　中藥有非常多的廣藿香知名配方，例

如藿香正氣散、藿香解毒丸等，廣藿香在中藥早就是必備良藥。就是因為中藥店常備，各種中藥配方中也常用，所以廣藿香成了記憶中中藥草的標準香味。

在我們的交流經驗中，某些人對廣藿香非常喜愛，因為能帶來安全感，但是也有人不喜歡它的藥草味，這又是和記憶與經驗有關了。廣藿香屬於土木香的一種，且因為是東方藥草材料，所以在香味分類上屬於東方香味或是異國情調。藥草香在調配香水時有兩面意義，合適的比例份量，能帶來安全感與熟悉感，建立信賴，如果過頭比例太高，牽動了負面的情緒，反而會引起反感。

在我的經驗中也有類似的體認，某次的社交場所認識些新朋友，在攀談中發現大家對我的背景，一致認為是醫師，或是類似的專業人士。其實只要在你的香水配方中有著安全感的香味來源，你很容易給人專業感、信任感。

### 廣藿香精油做為香水配方的使用時機

† 廣藿香透露出的安全與專業訊息，很適合做為職場香水，能協助你建議形象。
† 廣藿香對西方歐美人始終有著異國情趣的好奇心，所以如果想建立異國戀或是有機會出席一些國際友人的場合，可以考慮廣藿香。
† 廣藿香豐厚的特殊藥草香氣，可以與果類與花類調配出別具氣質的熱情香水，也可以和木類與樹脂類調配出男性堅毅穩定的個性香水。
† 廣藿香與岩蘭草可以調出深厚土木香為基礎的特殊香水。
† 由於廣藿香還有諸多藥理性，所以可特別以廣藿香及乳香、雪松等護理性較高的精油，調配高齡長輩用的護理香水。

### 廣藿香主題精油香水配方

| 配方 A | 廣藿香精油3ml＋香水酒精5ml |

廣藿香一直都是東方情調的代表香味，同時又是我們熟悉的藥草香味，用香水酒精稀釋後，先深刻地熟悉它的香味特徵，了解何謂藥草香並區分出所謂安全感，然後再用配方 B 把藥草香隱藏起來，安全感成為一種暗示。

| 配方 B | 配方A＋依蘭精油1ml＋安息香精油1ml |

廣藿香精油 ｜ 是東西方都有盛名的藥草，在西方叫做廣藿香（Patchouli），在中國就是藿香，因為藿香產於兩廣之地，又稱為廣藿香。

↑廣藿香豐厚的特殊藥草香氣，可以與果類與花類調配出別具氣質的熱情香水，也可以和木類與樹脂類調配出男性堅毅穩定的個性香水。

依蘭與安息香都是較為濃郁且甜美的香味，用來隱藏藥草香。配方 B 調味後，這是一款令人感到芳香且熟悉，性感且放鬆的香味，很好的延伸了廣藿香的香系主題。

配方第 42 號

## 愛上廣藿香

廣藿香精油 3ml ＋依蘭精油 1ml ＋
安息香精油 1ml ＋香水酒精 5ml

這款配方的香味略顯華麗，有一種媽媽的味道。飽滿的幸福與溫馨，美好的甜香中透露出安全感與知足。可以做些補充與調整，修飾出更多變的配方：

✤ 補 1ml 的香水酒精，讓它香味更淡雅些。

✤ 補充薰衣草，保持香調且可以降低原先配方的成熟感。

✤ 補充迷迭香，香味多些草香會更恬淡些。

✤ 補充乳香，多些細緻木香的後味。

✤ 補充果類精油，提升甜美度與受歡迎度。

✤ 補充苦橙葉，療癒紓壓效果更佳。

✤ 補充花梨木，香味會變得婉轉多變。

✤ 補充香茅精油，可以讓香味更厚實。

✤ 補充雪松，香氣會更偏甜也更飽和。

✤ 補充冷杉或松針，是不錯的中性香水。

✤ 補充茴香，特別的辛香味可以調整廣藿香的藥香味。

✤ 補充黑胡椒，讓溫馨感更加強。

### 以廣藿香為配方的知名香水

Tom Ford White Patchouli, 2008
湯姆 · 福特 - 白色廣藿香

香調——花香甘苔調
前調——香檸檬、牡丹、芫荽、白色花系
中調——玫瑰、茉莉、黃葵
後調——廣藿香、焚香、木質香
屬性——女香
調香師——Givaudan

不出所料的專業設計香水品牌 TF 會以廣藿香為主題，推出一款訂製的廣藿香香水。

其他如香奈爾有一系列的香水，如 Chance、Coco Mademoiselle、Les Exclusifs de Chanel Coromandel……都在配方中用了廣藿香為元素。

# 肉桂

## 卡布奇諾的濃香

中文名稱
**肉桂**

英文名稱
Cinnamon Leaf

拉丁學名
Cinnamomum verum

| | |
|---|---|
| 重點字 | 卡布奇諾 |
| 魔法元素 | 地 |
| 觸發能量 | 執行力 |
| 科別 | 樟科 |
| 氣味描述 | 辛香氣味，略衝鼻，有甜甜的麝香味 |
| 香味類別 | 藥香／異國香／暖香 |
| 萃取方式 | 蒸餾法 |
| 萃取部位 | 葉 |
| 主要成分 | 丁香酚（Eugenol）、p-傘花烴（p-Cymene） |
| 香調 | 中—後味 |
| 功效關鍵字 | 卡布奇諾／溫暖／安撫／滋補 |
| 刺激度 | 強烈刺激性 |
| 保存期限 | 至少保存期三年 |
| 注意事項 | 懷孕期間宜小心使用，蠶豆症患者不宜 |

在香水的香味分類中，有一種類別是「皮革香」。在自然植物精油的香味中，當然不會有皮革香，但是肉桂可以說是植物精油系統中最近似於皮革香的香味。如果你想了解並掌握肉桂的香味，可以從咖啡下手。我常說為什麼卡布奇諾要灑上肉桂粉是有原因的，肉桂溫暖而厚重的香味，有著近似於巧克力可可的苦香味，所以我

也遇過有些卡布奇諾咖啡會問你是要加可可粉還是肉桂粉，這兩種有異曲同工之妙。所以溫暖的苦香味，後味很濃郁，就是肉桂最有特色的特徵。

不過肉桂的精油分成兩種，肉桂葉（Cinnamon leaf）與肉桂樹皮（Cinnamon bark）。肉桂葉的暖香味與厚度較輕，肉桂皮的肉桂醛含量接近肉桂葉的四倍以上，

所以香味更明顯。

肉桂的香味除了在氣味尚能導引出溫暖，使得你心情放鬆，其實在成分上肉桂醛也有殺菌、降血壓等等醫藥用途，這讓你又多一個用它調香水的目的了。

## 肉桂精油做為香水配方的使用時機

† 溫暖有厚度的香味，最適合冬天送暖的配方。

† 肉桂不只是傳統的香料，也是中藥材，所以非常適合調配給老人家使用，做為身心保健用的香氛氛圍香水。

† 傳遞溫暖還有很多妙用，例如設計一款香水做為飯店迎賓大廳的香味，讓客人覺得賓至如歸；做為咖啡店的招牌香味，可以優化店裡原本就有的咖啡香，所以肉桂也是很好表達溫馨客主情感的商業香水。

## 肉桂主題精油香水配方

配方 A 肉桂精油2ml＋香水酒精5ml

如果用肉桂精油，辛香味會濃郁一些，肉桂葉則會淡一些，要注意如果是肉桂精油對皮膚的刺激性也高很多，盡可能不要接觸皮膚。

熟悉的辛香與暖香味，後味會帶著焦香與辣香，從前味到後味，肉桂都有豐富的香味打底，且密切的與每個人的記憶結合。

配方 B 配方A＋岩蘭草精油1ml＋葡萄柚精油1ml＋依蘭精油1ml

用葡萄柚的甜果香修飾前味，用依蘭的花香修飾中味，用岩蘭草的土香修飾後味，使得這款配方在香味的層次上變得非常多元。

配方第 43 號

### 愛上肉桂

肉桂精油 2ml ＋岩蘭草精油 1ml ＋葡萄柚精油 1ml ＋依蘭精油 1ml ＋香水酒精 5ml

濃郁且有溫度的香味，給人穩重的信任感，做為居家香水就是標準的 Home sweet home 的氛圍。所以也很適合在旅館大廳或是任何一個人想展現家的溫馨的地方做為香氛。你會發現市面上絕大多數的家居香氛飾品，都喜歡用肉桂的香味，也是這個原因。

❖ 補 1ml 的香水酒精，紓解它的濃郁讓香

肉桂精油 | 分成兩種：肉桂葉與肉桂樹皮。肉桂葉的暖香味與厚度較輕，肉桂皮的肉桂醛含量接近肉桂葉的四倍以上，所以香味更明顯。

↑肉桂不只是傳統的香料，也是中藥材，所以非常適合調配給老人家使用做為身心保健用的香氛氛圍香水。

味更淡雅些。

✤ 補充迷迭香，可補充清新草香。

✤ 補充薰衣草，讓香味更雅緻平衡。

✤ 補充香蜂草，香味會更複雜多變，多帶些檸檬清新香味及蜂蜜花甜美味！

✤ 補充橙花，會讓香味多一些溫馨與氣質。

✤ 補充花梨木，香味會變得婉轉多變。

✤ 補充檸檬，稍微調整香味的厚重感，多些穿透。

✤ 補充香茅精油，可以讓香味更厚實，暖香味更濃郁。

✤ 補充雪松，香氣會更偏甜也更飽和。

✤ 補充果類精油，香味的定調更陽光活潑些。

✤ 補充苦橙葉，與這款配方的其他精油是絕配。

✤ 補充快樂鼠尾草，能在原來的香系中出現獨特的草香味。

✤ 補充冷杉或松針，更有冬天的味道與氛圍。

✤ 補充廣藿香，多一點異國情調。

✤ 補充茴香，辛香的香料味更添增家的溫馨。

## 以肉桂為配方的知名香水

**Viktor&Rolf Spicebomb, 2012**
維特 & 羅夫 - 激情炸彈

香調——辛辣木質調

前調——香檸檬、葡萄柚、粉紅胡椒、欖香脂

中調——藏紅花、肉桂、甜椒

後調——香根草、煙草、皮革

屬性——男香

調香師——Olivier Polge

這款香水最具特性的就是瓶裝設計成手榴彈的炸彈風，的確引人目光，以肉桂及大量的溫熱香系包含菸草香、皮革香的配方就是要設計出火力十足的爆炸性香味。

**Serge Lutens Feminite du Bois, 2009**
蘆丹氏 - 林之嫵媚

前調——雪松、肉桂、李子、桃子

中調——公丁香、依蘭、紫羅蘭、橙花、生薑、玫瑰

後調——香草、麝香、檀香木、安息香脂

屬性——中性香

調香師——Christopher Sheldrake

這款就是比較偏中性且熱情嫵媚的配方。

# 羅勒
## 解膩的清香

中文名稱
羅勒

英文名稱
Basil

拉丁學名
Ocimum bullatum lam

| | |
|---|---|
| 重點字 | 鎮痛 |
| 魔法元素 | 火 |
| 觸發能量 | 工作耐力 |
| 科別 | 唇形科 |
| 氣味描述 | 略為清甜，帶有獨特辛香刺激的氣味 |
| 香味類別 | 藥香／刺香 |
| 萃取方式 | 蒸餾 |
| 萃取部位 | 葉 |
| 主要成分 | 甲基胡椒酚（Methyl chavicol）、β-沈香醇（β-Linalool） |
| 香調 | 前一中味 |
| 功效關鍵字 | 消化／鎮定／解痛／穿透／紓解 |
| 刺激度 | 略強度刺激性 |
| 保存期限 | 至少保存期兩年 |
| 注意事項 | 懷孕期間宜小心使用，蠶豆症患者不宜 |

羅勒的香味，你會覺得很熟悉但還是有些差別，因為台菜中常用的九層塔，就是羅勒的一種亞種，而義式料理中常做的「青醬」，就是用甜羅勒為主要材料。

甜羅勒主要是精油界用的，九層塔是台灣在地的特產，羅勒主要的香味是新鮮的青草味，帶有獨特的清爽感，甜羅勒的香味較為柔順，九層塔的香味則更刺激。為什麼三杯料理一定要灑下大量的羅勒九層塔？別忘了所謂三杯還有一杯米酒，同時大量的大蒜也是少不了的，這就表示這幾種調味：米酒、羅勒、大蒜，都是能把海鮮肉類這些食材，添加更多的香味。

## 羅勒精油做為香水配方的使用時機

† 羅勒屬於有穿透力的香味，常常與果類精油調配做為香味小清新的保證。

† 羅勒屬於前味明顯的藥草香穿透性，中味有標準的辛辣香味，表達出「理性」的潛意識，後味會有甜香帶出，所以羅勒也適合調配理性工作者或文創工作者的職場香水。

† 羅勒香味配方適合白天使用，不適合晚上或是社交場合使用。適合淡香水不適合濃香水（香精等級）配方，因為清爽的香味還可以，太濃的羅勒香味就有人肉三杯的嫌疑了。

† 你可以把羅勒當作個性香水的神來之筆，穿刺的香味也可以歸類為火元素，所以除了和果類之外，也可以和香味較低調的樹脂類調配，帶動整體香氛。

## 羅勒主題精油香水配方

| 配方 | A | 羅勒精油3ml＋香水酒精5ml |

饕客應該會直覺的認為，羅勒就是九層塔的香味，也是台菜三杯系列不可或缺的香味。當然，羅勒和台菜用的九層塔還是有差別，但是這種清爽略帶辛香與甜香的羅勒，搭配大量的蒜頭爆炒，的確是台菜一絕。

羅勒清爽具穿透的特殊香味，應該要稍加修飾，以免給人誤會。配方A只是讓你對羅勒的香味熟悉，才有把握做為調香配方。

| 配方 | B | 配方A＋迷迭香精油1ml＋薄荷精油1ml |

選擇迷迭香與薄荷，很明顯的就是要以穿透為主，這是一個讓人醒目並感受清新的配方，在香水使用的前期，香味還很新鮮的時候，就是活力與朝氣的象徵，而在一段時間後，香味雖然弱了，穿透力的草香還是能提供打破沉悶的能力。

配方第 44 號

### 愛上羅勒

羅勒精油 3ml ＋迷迭香精油 1ml ＋薄荷精油 1ml ＋香水酒精 5ml

這款配方中的羅勒具有相當的刺激性，所以禁止接觸皮膚敏感部位。

穿透與清新，是這款配方的特色，所以可以直接做為理性與文創類工作者的代表香水或是場所香水，也可以調整修飾過

羅勒精油 ｜ 屬於前味明顯的藥草香穿透性，中味有標準的辛辣香味，表達出「理性」的潛意識，後味會有甜香帶出。

後，有更多元的使用搭配。

✤ 補充薰衣草，多些親切宜人的香味打底。

✤ 補充甜橙，增加些天真活潑與陽光正能量。

✤ 補充冷杉／絲柏，凸顯穿透性與男性香水的魅力。

✤ 補充苦橙葉，多些有氣質的果香與苦香。

✤ 補充玫瑰天竺葵，改善穿刺的尖銳性，更多些嫵媚花香。

✤ 補充香蜂草，香味會更迷人且靈活。

✤ 補充廣藿香，讓香料味更複雜些。

✤ 補充花梨木，香味會變得柔和，婉轉而多變。

✤ 補充乳香，整體香味會舒緩些，也改善後味的單薄使更有深度。

✤ 補充雪松，香氣飽和偏甜，降低穿刺性。

✤ 補充尤加利，大方的葉香成為中性香水及運動香水。

✤ 補充茴香，多一點特有的辛香增加氣質。

✤ 補充檸檬，增添果酸與活潑氣息。

✤ 補充岩蘭草，加些溫和的後味。

✤ 補充安息香，增加香草般的甜美感。

✤ 補充沒藥，增加甜美的藥草香。

✤ 補充黑胡椒，增加辛香味與溫香味。

## 以羅勒為配方的知名香水

 Jo Malone Lime Basil & Mandarin, 1999
祖瑪瓏 - 青檸羅勒與柑橘

香調——柑橘馥奇香調

前調——青檸、橘子、香檸檬

中調——羅勒、紫丁香、鳶尾花、百里香

後調——廣藿香、香根草

屬性——中性香

調香師——Jo Malone

↑羅勒屬於有穿透力的香味，常常與果類精油調配做為香味小清新的保證。

# 黑胡椒
## 厚實的溫香

中文名稱
黑胡椒
英文名稱
Black Pepper
拉丁學名
Piper nigrum

| | |
|---|---|
| 重點字 | 溫補 |
| 魔法元素 | 土 |
| 觸發能量 | 執行力 |
| 科別 | 胡椒科 |
| 氣味描述 | 香味為辛辣的胡椒味，帶有藥味及草味 |
| 香味類別 | 辛香／幽香／暖香 |
| 萃取方式 | 蒸餾 |
| 萃取部位 | 種籽果實 |
| 主要成分 | $\beta$-石竹烯（$\beta$-Caryophyllene）、D-檸檬烯（D-Limonene） |
| 香調 | 中—後味 |
| 功效關鍵字 | 消化／溫補／調理／活血 |
| 刺激度 | 強烈刺激性 |
| 保存期限 | 至少保存期三年 |
| 注意事項 | 懷孕期間宜小心使用 |

印度人遠在四千年前即開始使用胡椒，這是古老而備受尊崇的香料，成品因採收和加工過程的不同而分白胡椒、黑胡椒，一般市售所謂的胡椒精油是指萃取黑胡椒所得。

黑胡椒的香味為明顯的辛香味，有著和肉桂不同的溫熱感，並給予一種積極地勇往直前的幹勁，心情沮喪時能給予溫暖的感覺。

黑胡椒在料理中為辣味下了新的註解。誰都知道要吃辣當然是放辣椒，放胡椒只是辣香味更甚於辣的味覺。胡椒像是一股具體的、火辣辣的熱情，而黑胡椒精油因為只提煉精華油的成分，所以只有胡椒特有的辣香味，如果與其他香味濃郁的精油如花類果類做調配，可以更好的凸顯這種

辣而不嗆的豐富組合。

### 黑胡椒精油做為香水配方的使用時機

† 黑胡椒常用於熱情、性感的香水配方。
　少用於職場或嚴肅的場合。
† 適合冬季或是你覺得需要溫暖與熱情的
　時機。
† 可以與其他香料類精油共同調配出溫暖
　的家的香味，做為飯店民宿迎賓或就當

作自己家裡常備用。
† 具有一定的刺激性，請勿高濃度接觸皮
　膚。

### 黑胡椒主題精油香水配方

| 配方 | A | 黑胡椒精油2ml＋<br>香水酒精5ml |

黑胡椒屬於後味型精油，所以這款配

↑黑胡椒常用於熱情、性感的香水配方。少用於職場或嚴肅的場合。

黑胡椒精油 ｜ 為明顯的辛香味，有著和肉桂不同的溫熱感，並給予一種積極地勇往直前的幹勁，心情沮喪時能給予溫暖的的感覺。

方在前味與中味的香味非常不明顯。黑胡椒精油的辣味會比你想像中弱很多,只有淡淡的暖香與辛香後味。

| 配方 | **B** | 配方A+茶樹精油1ml+杜松莓精油1ml+丁香精油1ml |

因為黑胡椒的香味比較「弱勢」,所以我們在前中味中用了茶樹與杜松莓做明顯的穿刺香味,還有丁香這種比較有個性的辛香味,所有這些都可以在黑胡椒的後味中混搭在一起,呈現讓人耳目一新的特殊香氛。

配方第 45 號

## 愛上黑胡椒

黑胡椒精油 2ml ＋茶樹精油 1ml ＋
杜松莓精油 1ml ＋丁香精油 1ml ＋
香水酒精 5ml

這款配方有著海洋香調的透明感與鮮香,幾種各有特性的精油香調表達出中性客觀又另類的氛圍,比較像是現代時尚的自我意識。這款配方還可以修飾的有:
- ✤ 補充薄荷,讓香味更透明也更冷冽明顯。
- ✤ 補充迷迭香,拉長原先香系的軸線。
- ✤ 補充葡萄柚,柔性果香有畫龍點睛之效。
- ✤ 補充苦橙葉,多強調些果香與酸香味。
- ✤ 補充橙花,把原先的時尚感添增更多的氣質形象。

- ✤ 補充冷杉或松針,更走向男性香水。
- ✤ 補充香蜂草,香味會更迷人且靈活。
- ✤ 補充岩蘭草,充實後味,香味比較完整。
- ✤ 補充沒藥,也是不錯的後味選擇。
- ✤ 補充檜木,多些深厚的木香味與厚度,帶來更多大自然的聯想。

### 以黑胡椒為配方的知名香水

 **Jo Malone Rock The Ages Birch & Black Pepper, 2015**
祖瑪瓏 - 樺木與黑胡椒

香調——木質東方調
前調——橘子、小豆蔻、胡椒
中調——樺木、廣藿香
後調——古雲香脂、香草、墨水
屬性——中性香
調香師——Christine Nagel

↑黑胡椒可以與其他香料類精油共同調配出溫暖的家的香味。

# 丁香
## 收斂的辛香

中文名稱
丁香

英文名稱
Clove Bud

拉丁學名
Eugenia caryophyllata

| 重點字 | 牙醫 |
|---|---|
| 魔法元素 | 天 |
| 觸發能量 | 意志力 |
| 科別 | 桃金孃科 |
| 氣味描述 | 強勁、有穿透力的香料味 |
| 香味類別 | 辛香／刺香 |
| 萃取方式 | 蒸餾法 |
| 萃取部位 | 乾燥花苞 |
| 主要成分 | 丁香酚（Eugenol）、乙酸丁香酯（Eugenol acetate） |
| 香調 | 前－中味 |
| 功效關鍵字 | 殺菌／去腥／沮喪／元氣 |
| 刺激度 | 略高度刺激性 |
| 保存期限 | 至少保存期兩年 |
| 注意事項 | 敏感肌膚需小心使用，蠶豆症患者不宜 |

　　丁香原產地於亞洲熱帶島嶼，在早年的香料大戰中，始終是種各方爭奪的重要香料來源。丁香樹全株都可以提煉香精油，但是只有花苞部位的精油最為精華。

　　丁香精油的香味獨特，有著清新的辛香前味，以及成熟的果香後味，常用於濃郁的花香類精油的調配。因為丁香獨特的尖銳的辛香味，正可以讓花香系的甜香不那麼膩而更耐聞。也因為其香味的獨特，也常用來表達異國情調或是東方調的香水配方。

　　在記憶連結中，因為丁香中所含的丁香酚也是以前牙科常用的消毒成分，所以如果小時候有上牙科的經驗的人，會訝異於丁香會讓他們回想起那段記憶。當然，現代牙醫早就擺脫那種刻板印象了，只不

←丁香獨特的香料
辛香前味，屬於
理智型或是古典
型的香氛配方。

過香味連結記憶，在丁香的這段過去經驗
中，還是會浮現出來。

### 丁香精油做為香水配方的使用時機

† 獨特的香料辛香前味，屬於理智型或是
　古典型的香氛配方。

† 做為搭配花香系或果香系配方的調整用，
　可以讓原先習慣的甜香出現不一樣的風
　格。

† 丁香屬於大眾較為陌生的特殊香味，因
　此丁香的配方也可以讓你調配出具有神
　秘色彩的異香型香水。

### 丁香主題精油香水配方

| 配方 | A | 丁香3ml＋香水酒精5ml |

單純的接觸並認識丁香的香味，感覺
上就像撫摸一個精雕細琢的古木雕飾，充
滿紋理與時間的痕跡。丁香不是甜美花香
系，你不會立刻迷戀，但是只要你熟悉它
的獨特氣味，它就會是不錯的搭配配方。

| 配方 | B | 配方A＋茉莉精油1ml＋<br>薰衣草精油1ml |

丁香精油 ｜ 香味獨特，有著清新的辛香前味，以及成熟的果香後味，常用於濃郁花
香類精油的調配，因為丁香獨特的尖銳的辛香味，正可以讓花香系的甜
香不那麼膩而更耐聞。

單獨用丁香和配方 B 搭配著用，你就可以感覺到丁香的不同。配方 B 是把丁香包起來用，讓你原本熟悉的茉莉與薰衣草，有了丁香之後，呈現很特殊的香味，比較收斂也比較耐聞。

配方第 46 號

## 愛上丁香

丁香精油 3ml ＋茉莉精油 1ml ＋
薰衣草精油 1ml ＋＋香水酒精 5ml

當比較重比例的丁香，加在標準的百花香型的配方中，在直率甜蜜的花香中，多了一些木質辛香，這種調配法也適用於香料類精油與過於甜美的花香果香系的調配法。

✤ 補充甜橙，增加果香與鮮香感。

✤ 補充乳香，增加後味的深度。

✤ 補充苦橙葉，可以提供非常舒服的果香味。

 補充雪松，香氣更甜美而飽和。

✤ 補充杜松莓，增加中性的緩衝，以及不慍不火的中味。

✤ 補充依蘭，添加百花香讓香味更討喜。

✤ 補充絲柏，香味會變得清新。

✤ 補充檸檬，增添活潑氣息。

✤ 補充橙花，會讓香味多一些氣質。

✤ 補充花梨木，香味會變得婉轉多變。

✤ 補充玫瑰天竺葵，讓這款香水多些嫵媚花香。

✤ 補充岩蘭草，有很好的土木香後味。

✤ 補充安息香，增加香草般的甜美感。

### 以丁香為配方的知名香水

Perfume

Aerin Lilac Path
雅芮 - 東漢普敦丁香 2013

品牌——雅芮

香調——花香調

前調——女貞、白松香

中調——丁香花、百合、茉莉

後調——茉莉、橙花

屬性——女香

調香師——Aerin Lauder

靈感來源自品牌創辦人 Aerin 從自家花園中摘採的丁香花，想要捕捉出春天花園的情趣。

←丁香樹全株都可以提煉香精油，但是只有花苞部位的精油最為精華。

# 薑

## 暖而不辣的溫香

中文名稱
**薑**
英文名稱
Ginger
拉丁學名
Zingiber officinale

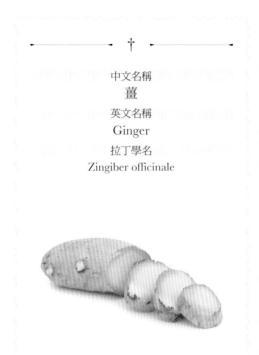

| | |
|---|---|
| 重點字 | 滋補 |
| 魔法元素 | 土 |
| 觸發能量 | 執行力 |
| 科別 | 薑科 |
| 氣味描述 | 溫暖、刺激、帶有檸檬及胡椒氣息 |
| 香味類別 | 辛香／暖香／泥香 |
| 萃取方式 | 蒸餾法／$CO_2$ 萃取 |
| 萃取部位 | 根部 |
| 主要成分 | 薑烯（Zingiberene）、$\beta$-甜沒藥烯（$\beta$-Bisabolene）、薑黃烯（Curcumene） |
| 香調 | 中—後味 |
| 功效關鍵字 | 溫暖／安撫／補身／平衡 |
| 刺激度 | 強烈刺激性 |
| 保存期限 | 至少保存期三年 |
| 注意事項 | 懷孕期間宜小心使用 |

薑原產於亞洲，中國、印度一帶，薑精油具有激勵的作用，感覺平淡、冷漠的時候，薑的氣味有穿透鼻腔，能溫暖低落冷感的情緒，工作讀書時可增強記憶，適用於精神疲倦時。有人說薑的香味像翻閱一本古老的魔法書，魔幻而複雜，充滿力量，就如同薑本身給人的感覺一樣，可以補身暖胃，暖意與安全感共存，後味的甘

醇又像是炒熟的老薑一樣，咀嚼時有甜味。

首先要區分薑花（野薑花）是薑科薑花屬植物，英文為 Ginger lily，和食用的薑 Ginger 為同科但是不同的植物，野薑花也有精油，稀少而珍貴。在此介紹的薑是薑根提煉的精油。因為是根部提煉，薑的香味會帶些土香，又因為根部儲存大量豐富的營養元素，因此薑的香味也變得複雜，且

越是存放香味越甜美。

## 薑精油做為香水配方的使用時機

† 要調配具有東方特色、異國特質的香水
  時，薑具有獨特的魅力。
† 適合冬季或是陰冷季節。
† 表達強勢與個性，張揚與野性的具體化，
  帶有氣質與深度的性感，薑可以從前味
  一路引領至後味，並與其他中後味的精

油香味一起共譜香氛樂章。
† 薑這種複雜多變的香味，適合熟齡以上
  的女性來駕馭與表達。

## 薑主題精油香水配方

| 配方 | A | 薑精油3ml＋香水酒精5ml |

　　薑的香味多在後味，辛香而非辣香，
尾味微甜回甘，能勾勒出溫暖馨香感。因

↑要調配具有東方特色、異國特質的香水時，薑具有獨特的魅力。適合冬季或是陰冷季節。

薑精油 ｜ 根部提煉，所以薑的香味會帶些土香，又因為根部儲存大量豐富的營養
元素，因此薑的香味也變得複雜，越存放香味越甜美。

為前味不明顯，所以這是款低調的配方。

| 配方 | B | 配方A＋依蘭精油1ml＋<br>茴香精油1ml |
|---|---|---|

用依蘭更鼓動出熱情，用茴香強化中味與辛香感，所以這款配方更有溫度也更高調些。依蘭成為主香味，但是經過茴香與薑的修飾，香味更豐富些。

配方第 47 號

### 愛上薑

薑精油 3ml ＋依蘭精油 1ml ＋
茴香精油 1ml ＋香水酒精 5ml

經過依蘭修飾的薑香，會有些野薑花那種清香與濃香共存的舒適，茴香是增加氣質用的，還可以用以下這些配方做補充：

✣ 補 1ml 的香水酒精，紓解它的濃郁，讓香味更淡雅些。
✣ 補充薰衣草，讓香味更雅緻平衡。
✣ 補充迷迭香，補充清新草香。
✣ 補充甜橙，增加更多的甜香與果香味。
✣ 補充佛手柑，讓香味多些撫慰性。
✣ 補充安息香，有更甜美的後味。
✣ 補充岩蘭草，增加土木香的後味。
✣ 補充花梨木，香味會變得婉轉多變。
✣ 補充檸檬，多些酸香與鮮香的特徵。
✣ 補充香茅精油，可以讓香味更厚實。
✣ 補充橙花，會讓香味多一些溫馨與氣質。

↑薑的香味魔幻而複雜，充滿力量，就如同薑本身給人的感覺一樣，可以補身暖胃，暖意與安全感共存，後味的甘醇又像是炒熟的老薑一樣，咀嚼時有甜味。

✣ 補充快樂鼠尾草，能在原來的香系中出現獨特的草香味。
✣ 補充廣藿香，多一點異國情調。

### 以薑為配方的知名香水

Perfume

100 BON Eau De The Et Gingembre 2017
茉莉茶香與生薑

前調——葡萄柚、佛手柑
中調——茉莉花、生薑、香草
後調——麥香、香根草、雪松

這是法國香水之都格拉斯一家實驗原創性極高的香水品牌的設計香水，嘗試用茉莉花做開場，帶出新鮮辣薑的香味，是非常清爽而有個性的香水。

# 茴香
## 家的味道

中文名稱
茴香

英文名稱
Fennel

拉丁學名
Foeniculum vulgare

| 重點字 | 香料 |
| --- | --- |
| 魔法元素 | 土 |
| 觸發能量 | 執行力 |
| 科別 | 繖形科 |
| 氣味描述 | 帶有胡椒的刺激香味及熟悉的滷料香料味 |
| 香味類別 | 辛香／暖香 |
| 萃取方式 | 蒸餾法 |
| 萃取部位 | 乾燥種籽 |
| 主要成分 | 松萜（烯）、月桂烯、茴酮 |
| 香調 | 中—後味 |
| 功效關鍵字 | 消化／理氣／豐胸／滋補／活血／生理 |
| 刺激度 | 略高度刺激性 |
| 保存期限 | 至少保存期兩年 |
| 注意事項 | 無 |

　　茴香是中式料理中非常常見的香料，不過茴香也有分為好幾個種類，最常見的有：

　　八角茴香（Star anise）：這是最常見用於滷味的料理包中必用的香料，也是大家最熟悉的香料。記憶為「滷肉用的茴香」。

　　洋茴香、大茴香（Anise）：這在中式料理少見，卻在西式料理常見的香料，或是在烘焙餅乾、烤肉時醃肉都會用到，另外知名的茴香酒也是用這個做為原料。記憶為「歐式的茴香」。

　　甜茴香（Fennel）：有點類似洋茴香，香味更複雜些，尾味的回甘非常明顯，所以稱之為甜茴香。記憶為「回甘的茴香」。

　　孜然、小茴香（Cumin）：這是新疆烤肉必用的香料，近似於茴香，但是茴香

↑茴香的主調除了能穿透的香辛味外，還有溫暖與刺激的雙重特質，甜茴香還有回甘的尾味，可見其多變的特性。

的香味更清爽，而小茴香的香味更厚重，所以做為烤肉的香料就是這種厚重正好搭配紅肉的香味。記憶為「新疆烤肉串的茴香」。

看來茴香真的是完全的和食物料理掛鉤，我們到底是調配香水還是在燒烤滷肉啊？其實一切都在描述「家的味道」。以上的記憶點，只是給你畫面感，這樣才能盡快的理解出同樣是茴香香味，卻有不同的畫面與內涵。

在芳療精油中，以上這些不同的也都有不同的茴香精油，在用法上就要看你想

茴香精油 | 茴香是油膩肉類的刺客，可以化解油膩，同理茴香也是濃厚香味的刺客，把太過濃郁的香味減輕其濃香的壓力。

要勾勒出什麼樣的感覺了。

　　為什麼茴香會成為美食料理的最愛？因為茴香的香辛味才能穿透肉類，特別是味道重的紅肉的腥羶味，化油解膩，這就是香料精油最美妙的地方。你不可能單獨吃香料（也並不好吃），但是香料可以把別的食材轉化成美味，且越是多種越是複雜，也越讓人著迷。

　　茴香的主調除了能穿透的香辛味外，還有溫暖與刺激的雙重特質，甜茴香還有回甘的尾味，可見其多變。在調配上，最常用的茴香是甜茴香，當然如果你手邊還有其他的茴香，你又充分掌握其香味特徵也可以做為調配。

## 茴香精油做為香水配方的使用時機

† 茴香是油膩肉類的刺客，可以化解油膩，同理茴香也是濃厚香味的刺客，把太過濃郁的香味減輕其濃香的壓力。例如你調好的精油香水配方發現太濃香了，就可以用茴香來修正改善。

† 茴香別具一格的香味也可以用來柔和太有個性的香味。

† 茴香可以讓男性香水配方更犀利更清澈，讓女性香水更明亮更有層次。

† 茴香的香味可以藏進鄉愁，牽動回憶，是一種耐人尋味有內涵的香味，所以如果你希望調出一瓶讓人想不透卻會一直想的香味，觸發別人對你的好奇，可以用茴香當作配方。

## 茴香主題精油香水配方

　　歐洲地中海沿岸如法國、義大利、西班牙、土耳其，流行一種茴香酒，這是一種高酒精濃度並以洋茴香為材料釀造的白酒，如果你喜愛茴香的香味，又有機緣得到這種酒，不妨用其為香水酒精的基礎來調配，肯定會有獨特的風味。（在當地這種茴香酒是做為料理用或是加水直接飲用。）

 配方　A　　甜茴香精油3ml＋香水酒精5ml

　　其實每一種茴香都有其獨特迷人的香味，選擇甜茴香是因為它最受歡迎：尾味有回甘的甜味。其他的茴香／孜然／八角也各有其特色，如果你怕買不到這些獨特茴香的精油，可以在香料市場買到原料後，

↑茴香別具一格的香味可以用來柔和太有個性的香味。

直接磨碎成粉，並用香水酒精浸泡，只要一個月，你就可以萃取出它們的香氣做為調香配方。

這些常用來料理的香料類精油香味都有個特色，就是解膩，例如你覺得昏沉無力，做事不起勁，腦袋常常不知道在想什麼，可以多用茴香配方的香水解膩。

| 配方 | **B** | 配方A＋迷迭香精油1ml＋冷杉精油1ml |
|---|---|---|

我們推薦的搭配精油配方也是以清爽性為考慮，迷迭香和冷杉都具有穿透力，都是乾淨單純的草香與木香，所以它們不會干擾茴香的清爽與辛香，且提供很棒的輔助香味。

配方第 48 號

## 愛上茴香

甜茴香精油 3ml ＋迷迭香精油 1ml ＋冷杉精油 1ml ＋香水酒精 5ml

這款配方屬於清晰與理性思考的最佳輔助，可以當作中性香水，也可以調整後做為女用或是男用香水。

✤ 補充薰衣草，讓香味維持中性與大眾化。
✤ 補充檸檬，添增活潑氣息。
✤ 補充乳香，增加後味的深度。
✤ 補充薄荷，提升清爽與穿透度。
✤ 補充雪松，香氣更甜美而飽和。

✤ 補充杜松莓，增加中性的緩衝，以及不慍不火的中味。
✤ 補充依蘭，添加百花香做為女性香水設計。
✤ 補充苦橙葉，可以提供非常舒服且討喜的香味。
✤ 補充絲柏，香味會變得清新。
✤ 補充橙花，會讓香味多一些氣質。
✤ 補充花梨木，香味會變得婉轉多變。
✤ 補充玫瑰天竺葵，讓這款香水多些嫵媚花香，做為女性香水設計。
✤ 補充岩蘭草，有很好的土木香後味。
✤ 補充安息香，增加香草般的甜美感。
✤ 補充黑胡椒，增加香味的溫度。

### 以茴香為配方的知名香水

Jo Malone Carrot Blossom & Fennel, 2016
祖瑪瓏 - 草本花園 - 胡蘿蔔花與茴香

香調──綠葉馥奇香調
前調──小茴香、苦艾
中調──胡蘿蔔、杏、橙花油、玫瑰
後調──紫羅蘭、廣藿香、麝香
屬性──中性香
調香師──Anne Flipo

# ⋯ Part 3 —— 調香配方與範例 ⋯

　　市面上的香水千千萬萬種，如何讓自己的香氣是與眾不同且為多數人喜歡而能接受呢？當然是有方法的！只要把香水配方升級為香氛，應用在日常裡，這樣精油就不只是精油，香水也不只是香水，而是能結合兩方特色，讓香氛變成生活中不可或缺的一部分。

　　此單元除了破解市面上商業香水的機密外，也將公布完整的調香公式，並介紹調香的十大經典法則，還有近百種的經典精油香水配方與範例。最後還附有獨家設計「調香流程圖」、「精油調香速簡圖」與「40種精油速記表」，讓你一路玩香到底，不想成為精油香水大師都很難！

# Chapter9

# 調香經典法則

\* \* \*

## 完整調香公式：三階十二香語

### 申論題變成填空題

人們常有選擇困難症，越是自由創意發揮的主題反而越不知從何下手。精油香水配方也是如此，當幾十種精油都可以用時（這只是最基本的），反而不知道該怎麼搭配了。為了容易讓大家更輕鬆的入手開始調配，我們把申論題變成填空題，你只要按照這個公式填空，就可以完成香水的配方，當然等你熟練了，你還是可以發揮申論的實力，更不受拘束的揮灑。這就是我們三階十二香語的由來。

### 三階十二香語

香水分為三階：前味、中味、後味。

這是無庸置疑的，要注意的是每種精油發揮的階段不同，有些只有前味，最多到中味，幾乎無後味，有些聞不到前味，但是後味明顯，有些從前味到後味都能表現，所以三階的分類，只是讓你整體的配方獲得平衡，並不能硬性規定，哪些精油

只有前味，哪些只有後味。

大多數的精油的前中後味，都是固定的香味表現，但是有些精油在中後味時會有變化。有些精油會因為加了其他某些特定的精油，也會發生變化，這些都是需要你在調配時去感受的經驗。

每階用四種精油來表現，所以一共是十二種精油。

為什麼是四種？因為這剛好讓新手駕馭，多了你無法掌握，少了又怕變化不夠。

這個公式的由來就是從電影與世界名著《香水》而來的，對於所有想了解精油香水配方的人來說，這本原著就是必熟讀的經典。我們把幾個重點摘錄解釋如下。

† 1984 年 10 月，35 歲的德國人聚斯金德（徐四金）完成了他的第一本小說《香水》，立即轟動德語文壇，並被譯成 20餘種文字。《香水》是德國有史以來最暢銷的小說，在全世界銷量達 1500 萬冊。21 年後，小說終於被搬上銀幕，與更多的觀眾見面。作者本人在香水之都格拉斯實際生活過，才寫出這本書。

† 主角葛奴乙為了保留世間最極緻的香味，

因而殺了 14 位少女，蒐集她們的體香，因為他的世界觀中，取少女的體香就如同取鮮花的香味是一樣的。

† 14 位少女中，第一個是誤殺，因為他還不知道如何取香，中間 12 位就是以老師傅教他調配香水要以三階 12 香為公式，而最後一個就是最頂級最精粹的香，可以駕馭前面這 12 種香味。

† 真實世界裡，調香師 Christopher Laudamiel 與 Christopher Hornetz 根據劇中主角葛奴乙的嗅覺描述，配製了 15 瓶香水組合 "Le Parfum" 助興，由近年主攻香水事業的 Thierry Mugler 時裝屋限量發售，每套 700 元美金，其中 14 瓶味道來表達愛情、貞操、生命、熱忱、財富、性欲……不少

↑ 大多數的精油的前中後味，都是固定的香味表現，但是有些精油在中後味時會有變化。

香味的「驚悚」程度實不亞於電影情節。而第 15 瓶 Aura（氣氛），是 14 瓶元素的合成。

† 在倫敦也仿效電影裸體畫面，The Perfume Shop 舉辦了一場裸體香水時裝展，模特們全身僅「穿」香水走天橋，觀眾戴上眼罩，讓鼻子充分發揮想像力，不過席間卻頻頻有人忍不住偷窺，飽覽春色。

## 經典名著香水啟示錄

這本書是完全用香味構築的世界，所以如果你在調香的過程中，覺得香味是很抽象的很不好描述的，可以看看這本書，了解一下作者是如何用氣味表達。

因為是作者親自去格拉斯體驗香水產業（類似打工換宿的概念），所以從書中的描述及電影的拍攝，你大概可以窺見中古時期的歐洲香水之都，是怎麼提煉香水，古法精油香水又是怎麼被運用。例如香水師只要調出獨特的香水就可以名利雙收，且當時的香水就是用各種精油調配出來的。

三階十二香語簡單的說，就是你從前中後味的分析，分別找四種共十二種精油，每一種精油都可以用一句話或是一個名詞／形容詞來表達，把這十二種精油調配在一起，就是你的精油香水想要表達的主題。

一開始這十二種精油可以平均分配，也就是比例一樣，等到你對香味更熟悉或是有更明顯的偏好，就可以增減每種精油的比例。

配方第 49 號

## 12 香

薰衣草精油 2ml ＋甜橙精油 2ml ＋葡萄柚精油 2ml ＋
冷杉精油 2ml ＋依蘭精油 2ml ＋雪松精油 2ml ＋
佛手柑精油 2ml ＋馬鞭草精油 2ml ＋安息香精油 2ml ＋
乳香精油 2ml ＋岩蘭草精油 2ml ＋薑精油 2ml ＋
香水酒精 24ml

其中：
・前味四種精油：薰衣草、甜橙、葡萄柚、冷杉
・中味四種精油：依蘭、雪松、佛手柑、馬鞭草
・後味四種精油：安息香、乳香、岩蘭草、薑
其代名詞成為：
・前味：平衡、活潑、青春、玉山（輕快的清爽的開場）
・中味：浪漫、撫慰、解憂、創意（美好的中場）
・後味：甜美、癒合、信心、滋補（完美的結局）
是不是有了代名詞之後，整個含意的表現更具體些？

調香經典法則 1

## 創造精油香氣與體味的互動

精油香水高明之處，就是能與身體互動。

《香水的感官之旅》一書作者表示：「……人工合成香水……它們是靜態的香水，不能和擦香水人的身體起化學作用，更無法在肌膚上釋放，你聞到什麼就是什麼……天然香水在肌膚上散發釋放，隨著時間有所改變，與身體的化學作用更是獨一無二。」

「二十世紀偉大的調香師及哲學家勞德尼茲加評論道：『氣味存在我們之內，與我們合而為一，在我們體內有了新的作用』……」

這是天然精油香水獨特的一面，也是每個想要玩弄精油香水的你，應該要念茲在茲的經典法則，那麼，如何創造所謂的香氣與體味的互動呢？

舉一個最離經叛道挑戰性高的例子，所有的香水使用指示都說：「切忌拿香水噴灑在腋下，因為你越是想用香水遮蓋狐臭，越是會讓狐臭更明顯。」

如果你用的是人工合成香精的香水，這倒是千真萬確的事實，但是，你有嘗試過使用精油配方嗎？

從另一個角度來看，狐臭是體味的一種，不能否認的，適度而輕微的狐臭，正是男性（或女性）最性感的致命吸引力，這裡我指的是新鮮而乾淨的汗水味（身體循環不好或飲食習慣衛生習慣差的人，那真是致命毒氣了）。

我曾用過一款配方，其中含有合適比例的岩蘭草，當岩蘭草這種土木系列的定香與汗水味混和後，居然能結合並改善原先的一絲絲怪味，而成為很獨特很好聞卻不突兀的新氣味。特別是男性使用後，岩蘭草與他的體味結合成了一種新的氣味，那是給你感受知道是汗味是體味，但是不會排斥或覺得臭，反而更有吸引力，可以說，用精油我成功的改善了體味，並讓精油香水與使用者融而為一，周遭的人甚至不覺得他用了香水，只知道他今天給人的感受不一樣，這才是精油香水最具特色的因素。

對香水有了更清楚的認識後，你已經是精油調香師的準學徒了。

接下來，該是接觸各種精油並熟練運用其香氣的時候。把精油當做認識新朋友一樣，切忌貪快貪多，你不可能就憑一次的介紹就能了解它的一切，應該逐步的深入了解，並時時的回顧溫習，那才是能把精油當成密友並充分溝通運用之上策。

配方第 50 號

### 體香阿波羅（男用）

迷迭香精油 5ml ＋冷杉精油 2ml ＋茶樹精油 1ml ＋檀香精油 1ml ＋佛手柑精油 1ml ＋香水酒精 10ml

茶樹用來破解消滅體臭的來源，佛手柑用來轉化汗酸味成為果酸香味，迷迭香與冷杉提供舒爽木香與草香的基礎，最後檀香做為強大的後味支持，這款配方適合常用為體香的修飾與轉化，它可以結合原先的汗味與體臭，成為正面爽朗且自然的氣息。

一般來說，男性是汗臭重，女性是狐臭重，偏偏狐臭是最難修飾的。因為這還牽扯到飲食問題，女性較少運動，體內循環差，排汗代謝差，排毒功能差，要觀察一個人的體內正常代謝與排毒力如何，只要嘗嘗汗水就知道：健康的汗水在皮膚上晶瑩顆粒，微鹹，不健康的汗水黏濁，鹹味重甚至發臭。所以如果想用香水修飾，配方也要更重。

除味除臭用尤加利，檸檬除了除臭外也負責提供鮮香與轉化，茉莉、依蘭、岩蘭草都是用來蓋味並轉化，把汗臭與狐臭的鹹臭味改成甜香與花香。

配方第 51 號

## 體香黛安娜（女用）

尤加利精油 5ml ＋檸檬精油 2ml ＋
茉莉精油 1ml ＋依蘭精油 1ml ＋
岩蘭草精油 1ml ＋香水酒精 10ml

↑調香的經典法則之一就是：創造精油香氣與體味的互動。

調香
經典法則 2

## 讓陌生的氣味變熟悉，
## 讓熟悉的氣味變特別

香水迷人之處，就是讓氣味成為你發出的「訊號」，無聲無色但是有味的訊號。這種訊號，其實最具威力。

如果你想用「性感」來包裝自己，穿出來的性感可是要真才實料、內外兼修，不但自己要有料，還要搭配對襯的服飾，這是一門大學問，我不多說；除了用穿的，你還能用什麼表達性感呢？聲音？拜託！太做作也太冒險了，那……嗅覺呢？變化可就多了，如果是嗅覺，你還可以想想，要調出「野性的性感」？還是「成熟的性感」？還是「神秘的性感」？還是「純真的性感」……不用我說你也知道，性感絕對是香水的地盤。

除了性感，知性呢？老實說你很難穿出「知性」，因為很容易與「老土」混為一談。但是香水的氛圍，可以讓你表達知性，表達端莊，表達氣度，表達許多超越描述的感覺，這就是香水可貴之處：善用嗅覺，這種無形但是卻最有力的武器。

香水最獨特之處，就是「中人於無形」，你明明讓對方強烈接收到你的訊息，但是對方卻不自覺，只是覺得「冥冥中」他被你的「某種氣質」吸引。

這種靈感，連電視編劇都能玩味其中，有一齣很轟動的港劇《金枝欲孽》，描寫後宮眾多佳麗為了爭寵，無所不用其極的「鬥爭手段」。其中有一幕經典就是一個原來是多年的後宮婢女，為了爭取皇上的注意，特別去請教一個曾經得寵多年但因故被打入冷宮的貴妃，她要問的是：「妳隨身的香囊是什麼配方？」

於是在一次接近皇上的機會中，皇上突然聞到這種香氣，腦筋一直在迷糊著：「好熟的味道啊！這是什麼？」當然，人類通常最不具直接記憶的，也是味道。（一般人很難清楚的描述香味，也是這個原因。）但也因為如此，大腦總是在這裡打轉、思考，並產生很強的好奇或認同，皇上不但懷念這種味道（因為這種香味屬於一個曾與他朝朝暮暮的愛妃），接納了這個婢女（記住！這香味是來自一個熟到不能再熟的面孔），甚至也開始懷念這個冷落已久的愛妃的點點滴滴，打入冷宮的貴妃也得以鹹魚翻身。一種香味讓兩個女人都登上枝頭！

這當然是故事，是劇本，但是如果你足夠聰明，對精油調香足夠瞭解，你是可以充分發揮配方的神秘力量的。元素就如同劇情中所表達的，也是經典法則二：讓陌生的氣味變熟悉，讓熟悉的氣味變特別。

例如，洋甘菊的氣味你從沒聞過，你無從判斷對它的好惡，但是我會先告訴你，洋甘菊很像甜蘋果的香味，這多少會引起你的好奇與好感，除非你很討厭蘋果（目

前我還沒遇過討厭蘋果香的人，呵呵）。

所以可想而見的是，如果你調出一瓶以洋甘菊為主味的香水，對聞香的人來說，他可能會想：「這是什麼味道？好香喔……」也許他一開始就辨識為「蘋果香」，所以他才能先對位，也才能先有「嗅覺重點」，但是他會接著想：「咦……又不像是蘋果香，很像但是不是，那會是什

↑把大眾熟悉的氣味加以修飾，調整，成為一種新的味道，也是調香的法則。如茶樹與甜橙的搭配，剛柔並濟的傳達出健康大方，快樂中帶有認真的氣味，不至於膚淺，也不過於嚴肅。

麼呢？」他會繼續想，這樣就對了，創造一種香味，就要讓聞香者不斷的被這種香味繚繞、挑撥、勾引，不斷的在想這種既陌生又熟悉的味道，越是想也越是坐立難安，那你的目的就達到了。

我曾成功的用幾種精油調出類似桂花的香味，這也是一種「讓陌生的氣味變熟悉」的手法。讓氣味變熟悉可以讓聞香者立刻產生認同，而熟悉的香味中又有著獨特的氣味，讓聞香者不由自主的不停想像與好奇，這種氣味的撩撥可能是最令人印象深刻的。

又例如，許多原本熟悉的氣味，如茴香、肉桂、黑胡椒等香料類，或如檸檬、甜橙的果類精油，都是我們熟悉的氣味。如果調香時不知變化，沒有修飾，只是單純的讓聞香者聞到主味，那他們只會有直覺的認知，而沒有多餘的想像空間。可想而見，一個人聞起來滿身的肉桂味，那就和一塊醃肉一樣的俗氣。

但是如果是把肉桂精油與依蘭調香，再加點花梨木，那就把熟到不能再熟的肉桂味，轉化為一種複雜、濃郁、豐富的香調。這種香調可以表達出東方的神秘感，也可以呈現一個熟齡女性的知性，或是做為盛裝晚宴時壓倒全場的獨門香雰。

這就是熟悉氣味變特別的用意。

所以我很喜歡把原先是大眾熟悉的氣味加以修飾、調整，成為一種新的味道，例如甜橙是不錯的香味，代表快樂、陽光、健康、大方，是非常好的前味，我用甜橙

調出的香水很少有人討厭的。但是我總是覺得甜橙太天真，太單純了，所以有一次我故意用一種很少用在香水的精油——茶樹，來修飾甜橙。

結果得到了非常好的效果，茶樹之所以少被做為香水調香，是因為它根本不香，是刺鼻的消毒藥草味，沒有香水師會想用茶樹當作調香材料。不過我是芳療師，我知道茶樹有非常好的消毒殺菌性，因此它不但能代表健康的氣味，甚至也能帶來健康，而它的消毒味也給人安全感與穩定，茶樹與甜橙的搭配，剛柔並濟的傳達出健康大方，快樂中帶有認真的氣味，不至於膚淺，也不過於嚴肅。

諸如此類的配方其實很多，端看你對於氣味的熟悉度，越熟悉也越能掌握該用什麼配方以及該用多少，當然，想像力也是很重要的！

配方第 52 號

## 快樂與認真的生活

甜橙精油 2ml ＋茶樹精油 2ml ＋
茴香精油 1ml ＋苦橙葉精油 1ml ＋
香水酒精 5ml

四種生活中都很熟悉的香味，湊在一起會是怎樣？甜橙與苦橙葉的酸香與果香，茴香的辛香與澀香，茶樹的苦香與水香，各自分開熟悉，湊在一起就有了從未聞過，熟悉中又很特別的複雜香味。

調香經典法則 3

## 強勢氣味需要馴服

有些精油的氣味你可以用「強勢」來形容，甚至用「霸道」、「喧嘩」、「主觀」……這些積極字眼都不以為過，例如快樂鼠尾草、洋甘菊、岩玫瑰……

不要怕，我只是形容它的個性，就像人一樣，它的個性「強勢」不代表它不好相處，相反地如果你用得好，你可以和強勢個性的人結為莫逆之交，正如同你可以妥善運用強勢的精油，讓它為你的配中增添獨特的氣質與韻味。

那該怎麼馴服呢？

採用非常微量的強勢精油。你可以先用香水酒精稀釋精油，例如 10%（每 1ml 的精油加入 9ml 的香水酒精），這樣有助於你微量的控制配方比例。這種稀釋精油還要在 25℃左右的室溫放置至少三天，讓其充分的熟成與釋放。

接下來就可以開始實驗了，你必須先建立你的香氣地圖，把這款稀釋過的精油當做一種新的精油香氣來認識，你會發現，

↑岩玫瑰的味到非常強勢，但它濃厚的花香與樹脂香，也常用來做為定香。稀釋後的岩玫瑰能發揮出細緻的旋律感，和諧的與其他香味共同表達，但是，後味的持久超過你的想像喔！

↑洋甘菊精油是表達甜蜜與幸福的不二選擇。

經過稀釋且有一定熟成後的精油，氣味會稍微溫順些，記錄它的前味、中味、後味，特別是餘香，也就是一天後殘餘的氣味，你會更驚喜的發現，它真的是一種新的精油，透過香水酒精的催熟，不再那麼誇張與強勢，多了些婉約與保留。

熟悉了氣味後，這時你才可以開始用來作配方，強勢的精油的前味一定還是很衝的，但是有了複方的搭配後，你可以用果類、草類的精油改善它，產生類似音樂中的共鳴和弦的效果，於是，強勢精油不再兇巴巴的向你示威，反而成了主旋律，帶領著其他香氣向你奏鳴序曲。

一些常見的強勢氣味精油與其描述如下：

† **快樂鼠尾草**：強勁的草味，你如果想表達出草的主題，它可是很頑固的能持續

表達出來。

† **岩玫瑰**：濃厚的花香與樹脂香，所以也常用來做為定香，稀釋後的岩玫瑰能發揮出細緻的旋律感，和諧的與其他香味共同表達，但是，後味的持久超過你的想像喔！

† **洋甘菊**：表達甜蜜與幸福的不二選擇，但也常把花香系相關的其他精油氣味轉換成它的味道，稀釋後能讓出空間給別的精油，但還是能維持你的幸福感。

† **白松香**：如同刀割般的尖銳木味，你彷彿能感受到剛砍開甚至剛撕裂出樹幹心材的青味，這是一種能表達出生命力與植物原生態的氣味，稀釋後妥善使用能讓你搭配柔性些的精油香味更能取悅人，在同時還能堅持你的「香水生命力」的主張。

配方第 53 號

## 躺在蔚藍海岸的草原上

快樂鼠尾草精油 1ml ＋
迷迭香精油 1ml ＋洋甘菊精油 1ml ＋
香蜂草精油 1ml ＋天竺葵精油 1ml ＋
薰衣草精油 1ml ＋絲柏精油 1ml ＋
岩蘭草精油 1ml ＋香水酒精 8ml

蔚藍海岸是法國南部濱臨地中海的國家公園，旁邊就是馬賽。這款配方所用的都是在地中海沿岸常見的野生的香草植物（除了岩蘭草之外），所以我們可以忠實的還原，如果你躺在蔚藍海岸的草原上，你會聞到什麼香草植物的香味。

調香
經典法則 1

# 精油是植物生命的延續

精油香水是活的，有生命的，因為精油是活的，有生命的。

只要對精油足夠了解的人都知道，每一種單方精油，它的味道都會一直在變化中，例如同樣是「薰衣草」的香味，化學合成的「單體香」，多半是用化學催化劑強行合成的「薰衣草醇」為主，能發出類似薰衣草香草的味道，也是薰衣草精油中的主要成分，而薰衣草精油，除了主成分

「薰衣草醇」之外，還有很多已知甚至未知的複雜成分，因此，在你使用精油做成香水配方後，這些複雜的成分，還是在不斷的變化中，而讓你的精油香水也會不斷的變化，這種變化，就是植物生命的延續。

就像一瓶好酒，越陳越香，也是一樣的道理，好酒也是活的。

國際香水大廠，不喜歡這種「變化」，因為他們在乎的是固定的，不變的氣味表現，品牌香水要給客戶標準的氣味，不能因為放久了，味道不一樣了，對國際市場的品牌香水商而言，他們沒有那種優雅的細緻心情，他們就是認定這是「變質」。

希望那你要怎麼應付這種變化呢？

接受它，適應它，才能善用它。

↑精油香水是活的，有生命的，因為精油香水會不斷的變化，而這種變化，就是植物生命的延續。

調香
經典法則 5

## 送人玫瑰，手亦留香

我常遇到陌生人喜歡猜測我的職業，他們總覺得他猜得出來。

「你一定是開中藥店的？不是？那就一定是藥師，但是不是西藥那種，是中藥或是藥草⋯⋯」這是一種。

「你是不是常常在花園閒晃？你可能就是花園主人，或是花藝店老闆？」（大概他看我不像是個種花草的⋯⋯）

當然，前言的小故事中，那個咖啡廳的小朋友也算是一個。

我也不是故意的，我平常玩的就是精油，有什麼新的配方，第一個試的就是我自己，久而久之，我身上就會有一股氣味，精油的氣味。

說不上是哪一種，但是你一聞就知道是自然的花草，很舒服的味道，我解釋為：送人玫瑰、手亦留香。你常送人家玫瑰花，你手上自然會有玫瑰的香味。對於喜歡調精油香水的朋友來說，我建議你，多調、多用、也多送，久而久之，你會調出一種獨一無二的香味，那是你的體香，無法模仿，無法分析，當然無法超越。

你會有一種香氛氣質，你會有隨身縈繞的體香，你也說不上什麼氣味，但是會讓每個剛接觸你的新朋友，會覺得，你總

↑調香的經典法則其中之一：送人玫瑰、手亦留香。你常送人家玫瑰花，你手上自然會有玫瑰的香味。

有個獨特的氣質。

盡量操作、盡量用、盡量發想，在你的生活中，朋友圈，還有什麼可以塞進一點精油，放上一點香水的地方？火候到了，你就是香氣本尊了！

調香
經典法則 6

## 好的記憶與不好的記憶

我有一個朋友說她非常討厭玉蘭花的香味，只要聞到就想吐。

深入了解後才知道，因為她小時候體弱多病，常常肚子痛不舒服，每次都是家人急忙叫計程車帶她去看病，她始終記得躺在車上，非常不舒服，又一直聞到計程

車司機掛在冷氣口的玉蘭花香味。

肚子痛＋暈車＋玉蘭花的香味已經綁在一起了，所以她聞到玉蘭花的香味，就會把這一連串的不愉快回憶都帶出來，所以她想吐。這就是不好的記憶。

我另一個朋友超級喜歡檜木精油，因為當她第一次聞到檜木精油的香味時，就發出驚呼「這種香味我聞過！」

原來她才從日本度假回來，她說檜木的香味就是她在日本一家歷史悠久的溫泉會所，一進去整棟日式建築的木造別墅，所散發出來的原木的香味，她一邊聞著一邊回憶這趟愉快的旅程，讓她身心靈都得到充分的放鬆。檜木的香味讓她回憶起所有的美好，這無疑是段非常好的記憶。

氣味與大腦記憶的連結，在第二條法則中已經有些基本的介紹。嗅覺在大腦中是直接連結海馬迴的，這也是大腦和記憶有關的部位，既然香味與記憶有直接連動的關係，建立好的記憶，迴避不好的記憶是你善用精油香水配方的關鍵。

### 香如其人香如其事

用固定的配方做為你的代表香味，並且維持好的記憶與記錄，讓大家基於這種香味認識你，記住你，並留下良好的印象，這是香如其人。這也是為什麼許多名人會有專屬的調香師為其調配特定的香水配方。應用得更好的例子是某服裝品牌的創辦人因為很喜歡某特定香水，所以甚至連該品牌的出貨包裝上還噴了點這種香水，這一來無形中給顧客的印象加分，香味不會說話，但是香氛訊號一定被接收，這是因為人一定要呼吸，所以也一定在無意識中接收到這種香氛訊息，而被感染，產生好感。在行銷學中這稱之為嗅覺行銷。

做特定的事的時候用固定的配方，讓你做事的效率更好，這是香如其事。例如曾有某機構做的研究，讓學生在學習時固定用迷迭香的香味做香氛擴香，一定時間之後，迷迭香的香味就和學習效果產生了記憶連結，讓學習甚至考試的時候，因為有了迷迭香的協助，效果更好。

有了這些啟發，你認為在你的生活與工作範圍內，可以有哪些配方能提供協助？

↑氣味與大腦記憶連結，既然香味與記憶有直接連動的關係，建立好的記憶，迴避不好的記憶是善用精油香水配方的關鍵。

調香
經典法則
7

## 保持修改的彈性與空間

調香可以從簡單基礎的調起，然後慢慢改善並且豐富化這款配方。

《波麗露》（Boléro）是法國作曲家莫里斯‧拉威爾最後的一部舞曲作品，創作於 1928 年。《波麗露》是拉威爾舞蹈音樂方面的一部最優秀的作品，同時又是二十世紀法國交響音樂的一部傑作。

這首有特色的音樂，從一開始用最簡單的樂器與旋律不斷地重複，並且在重複中不斷地加入新的樂器，但是新樂器的加入產生了新的共鳴，最後成為華麗而豐富的大合奏，終至結尾。

在精油香水的配方調香上也可以採用類似的手法。

首先用最簡單的一兩種精油與香水酒精搭配，成為第一款配方，並且感受這款配方。因為純精油被香水酒精稀釋後的香味被釋放了就不一樣了。

然後再加入新的精油進去，這就改變了原先的香水配方組合，而出現了新的香味。

然後再加入新的精油，每一次的加入都是一次的調整、豐富化。

別忘了經典法則第四條也告訴你，精油本身的香味就是活的，一直在變，你加了新的精油也會變，這種變化性，比單純買瓶品牌香水回來用好玩太多了。

我的習慣是，用兩倍容量的香水瓶，例如 30ml 的瓶，先調出 15ml 的香水，然後隨著它的變化，隨時再做增添新的配方，新的成分，或是，還是使用原來的成分配方……完全看你的心情。活的香水就用活的配方，誰說一定是這種香味，還是那種香味？既然是我自己調的，我高興什麼香味就是什麼香味，所以讓自己的配方保持「彈性空間」，隨時修改，就成了玩精油香水最愉快的事情。

唯有這樣，你才能讓精油香水成為香草植物生命的延續。

←調味精油香氛時，讓自己的配方保持「彈性空間」，隨時修改，是玩精油香水最愉快的事情。

## 香水配方就是 Love Story

如果你想調配出前中後味各有特色的配方,你可以把每一種香水配方,當作一段戀情來布局,或是來紀念。

就像美國知名歌后泰勒絲,常常在每一段戀愛之後都寫一首歌一樣,每款香水也都可以當作靈感來源,建議你可以把握關鍵字:

前味必須驚喜,中味必須穩定,
後味必須甜美。

驚喜的第一印象,讓人一見鍾情,為什麼能一見鍾情?因為相遇的第一個感覺對了,立刻能帶人告別尋常生活,打破慣性。因為慣性會阻絕想像力,就像一段瘋狂的愛情,要多瘋狂?不顧阻力甚至願意私奔就是瘋狂,因為這是一種開門見山式的、跳脫式的直覺,所以好的前味必須給人驚喜感,才能打動人心。

所以前味必須驚喜,或是驚奇,總之就是要有驚奇點。

能有這種驚奇點的精油,如:
† 穿刺性的香味,如薄荷、葡萄柚,以及絕大多數的果香系。
† 生活經驗中少聞到的香味,如茴香、花

↑調香的經典法則其中之一:前味必須驚喜,中味必須穩定,後味必須甜美。

梨木、橙花。
† 多數的草香系的活潑中帶點誇張的香味,也非常適合。

前味必須驚喜,必須引人注意,這是厲害的香水配方的第一個秘密。

穩定的中味香表達出個性,展現源源不絕但是穩定的氣質,讓身邊的人大口呼吸時,會被這種香味收服。因為這代表你的氣質,所以中味就不能太輕浮或是太誇張。就像談戀愛時,也許兩人是在一個瘋狂的事件中相遇,但是唯有靠穩定且持續的約會才能深入認識對方,總不能每次約

會都瘋狂吧？

穩定持續的適合中場表達的精油，如：
† 絕大多數的木香，如雪松、冷杉、絲柏。
† 絕大多數的花香系，如橙花、依蘭、薰衣草、茉莉。

前味與中味都處理好了，最後是甜美的尾韻，那就要越淡越珍惜，做為一段值得回味的戀愛的結尾，還好做為後味用的精油，例如樹脂類、香料類都能符合這個越淡越甘甜的目的。

## 9 調香經典法則

## 配方調錯了怎麼辦

這可能是你最需要知道的法則，因為配方總有調錯的時候。

何謂「調錯」？簡言之就是你本來想像中應該會有的香味，結果把配方調下去了，卻發現不是你想像中的的香味。事前要避免調錯，當然是你必須先熟悉每種精油的香味，或是微量的先調一點樣品，再做大量的調配，但是，人總有粗心的時候，發現調錯了，這時要怎麼處理？

### 法一：再放久一點

精油的香味會因為時間而變得更溫順或更香甜，剛調出來讓你覺得不舒服的香味，也許放久了（至少一星期以上）會變得可親許多，所以先別急著處理，放一陣看看。

### 法二：分析問題，對症處理

找出你的配方並且仔細聞聞，在你的配方中，前味、中味、後味，到底是哪一種精油配方下錯了？是味道和別的不合？還是比例不對？你可以追加其他的比例來追回香味的平衡。

### 法三：直接用其他精油修飾

最常用來修飾香味的精油有：

補充薰衣草或花梨木，可以把香味的差異化削弱，也就是把你覺得「怪怪」的香味模糊化。

補充茉莉或洋甘菊，這兩種強勢的香味可以遮蓋住或是同化其他的香味。

↑調香的經典法則其中之一：如果調錯怎麼辦？用其他的精油來修飾就可以了。

↑ 名字很重要，因為人們很容易從名字上產生成見。所以調香經典法則最後一條是，務必要給你的精油香水作品想一個好名字。

調香經典法則 10

## 給香水命名很重要

某個喜歡玩弄嗅覺的藝術家，做了個實驗：在同樣的一件雕塑品上，讓它散發出特定的香味，並且打上綠色的光。在他收到的各種評論與鑑賞中，有許多人評論家都宣稱這個作品「彷彿發出青草的香味」。

後來換了一個展場，故意換成紅色的打光，同樣的作品同樣的香味，但是這時評論就會有「感覺出草莓的香味」的意見。

在另一個實驗中，故意用麻袋裝了兩袋的乾乳酪，一袋標明的作品名稱「帕爾馬頂級乾乳酪」，另一袋標明的名稱為「嘔吐物」，你應該知道人們對這兩種明明是一樣的香味，卻有著天差地遠的感受。

以上這兩個實驗告訴你，名稱很重要，因為人們很容易從名稱上產生成見。

所以調香經典法則最後一條要告訴你，務必要給你的作品想一個好名字，很有意境，很高尚的名字，可以是一句詩，可以是英文，或是法文更好，想一個搭配的故事，把你的創意與配方都包含進去，你的每一款配方，都會是一種藝術創作！

# Chapter10

## 品牌香水的配方與靈感解密

\* \* \*

### 品牌香水有哪些定位區隔

#### 時尚品牌香水：香奈兒的五號香水

香奈兒（Chanel）公司，是 1910 年由可可·香奈兒所創辦的頂級法國女性知名時裝店。一開始香奈兒是以服裝為主要業務，並且也獲得相當知名度，但是直到 1923 年香奈兒的五號香水，才又把香奈兒推向超級高峰。

**Chanel No. 5**
**香奈兒 5 號**

香調——醛香花香調
前調——醛、橙花油、依蘭、香檸檬、
　　　檸檬
中調——鳶尾花、鳶尾根、茉莉、鈴
　　　蘭、玫瑰
後調——琥珀、檀香木、廣藿香、麝
　　　香、麝貓香、香草、橡木苔、
　　　香根草
屬性——女香
調香師——Ernest Beaux

據說設計時，調香師調配了許多的配方，只有編號第五號的配方才獲得首肯，因此定名為五號香水。而這款配方包含了超過 80 種的香型，這款香水從上市之初直到今日，都還是最受歡迎也最暢銷的香水。

香奈兒五號香水最為人津津樂道的典故就是瑪麗蓮·夢露在其知名度極高的 1952 年，公開宣布香奈兒 5 號香水為她最喜歡的香水，當記者問她夜晚是否穿著睡衣睡覺，她微笑地說著：我什麼都沒穿，只有滴了幾滴香奈兒 5 號。（I wear nothing but a few drops of Chanel No.5）

品牌香水對品牌的效應是直接的加分，所以第一種定位就是現有的知名品牌，從服裝、皮飾、珠寶，甚至跑車、牛仔褲……都會推出品牌香水，做為品牌的形象與認同，誰知道呢？也許某個健身品牌推出的香水能讓全世界的男女為之再瘋狂一次，經典配方橫空出世！

#### 名人效應香水：白富美網紅希爾頓香水

Paris Whitney Hilton 小姐是希爾頓集團接班人，四國血統，IG 上有上千萬的粉，

↑調配香水時，可以用任何一種精油為主基調，再用用不同的想法不同的心情不同的理由，再搭配其他精油配方。

集財富、美貌、知名度於一身，標準白富美的極品，如果她喜歡某種香水，有多少人會喜歡？

Perfume

Paris Whitney Hilton
希爾頓香水

香調──花香果香調
前調──香瓜、桃子、蘋果
中調──含羞草、晚香玉、百合、小
　　　蒼蘭、茉莉、鈴蘭

後調──檀香木、麝香、橡木苔、依
　　　蘭
屬性──女香
調香師──Steve Demercado, James
　　　Krivda

2005年希爾頓推出第一支命名香水，雖然在玩家的評論中都覺得太高調或是太脂粉味，但是這款還是受到粉絲及大量年輕人追捧。所以名人效應的香水，香味本身只要反應個人特質，還是有喜歡的人。

香水就是這樣，只要你喜歡，什麼都可以！希爾頓小姐喜歡的香味就是反應她

本人的品味，而跟著用的人也是滿足一種追星追到底的精神，享受希爾頓小姐的氛圍。

### 專業香水品牌：香水實驗室 Le Labo

這裡談的是純粹以香水調香師所創辦，只有香水產品的原創性或實驗性香水品牌，以香水實驗室為例，這是 2006 年於美國紐約創辦，由一群香水師不斷地開發香水配方，我們以這款為例：

 Le Labo Santal 33, 2011
香水實驗室 檀香木 33

香調——木質馥奇香調
氣味——檀香木、雪松、小豆蔻、紫羅蘭、紙莎草、皮革、琥珀、鳶尾花
屬性——中性香
調香師——Frank Voelkl

命名就是很酷的代表這是以檀香為主基調編號第 33 的配方，可想而見他們有多少配方。其實用任何一種精油為主基調，你都可以用不同的想法不同的心情不同的理由，再搭配其他精油配方，得到不同的答案，這也是精油香水的另一個創意來源。

## 品牌香水配方的來源

品牌香水都會公布他們的香水的前味、中味、後味分別是什麼，但是不要天真的以為，他們真的把所有秘密都洩漏出來，事實上，以一般玩家所能獲得資料，你不可能複製它的香味。

但是，誰說要複製了？至少它的配方可以給你參考的靈感，讓你知道各種香草的氣味的搭配性，就算你不能調出一模一樣的香味，但是只要是種不錯的香味，也是很令人滿足的。只是在你解讀這些香水的配方時，你該如何去蒐集或是模擬，甚至是創造出類似的味道呢？

### 自品牌香水的靈感

目前幾乎所有的品牌香水都是用「單體香」或是接近單體香的元素來調配出他們的成品，我們以 Jennifer Lopez My Glow（珍妮佛 · 羅佩茲女性光輝淡香水）這款由知名藝人珍妮佛 · 羅佩茲自創品牌 2009 年新香水為例：

 Jennifer Lopez My Glow
珍妮佛 · 羅佩茲女性光輝淡香水

香調——柔美花香調
前味——小蒼蘭、睡蓮、薰衣草
中味——卡薩布蘭加百合、白玫瑰、牡丹、草香
後味——珍貴木材、檀木、麝香、纈草

以這款配方中，每一個名稱都是它專屬的單體香，例如「白玫瑰」，這其實是一種香精的通用名稱，區別於精油玩家用

的「玫瑰精油」，而「薰衣草」，也一定是該品牌廠專用的薰衣草原料。所以以這款配方為例：

你可以用植物精油去接近模擬的有：

† **薰衣草、玫瑰、草香、檀（香）木、纈草：**這些都有精油。

† **小蒼蘭、睡蓮、卡薩布蘭加百合、牡丹：**這些是專指某種特定的香精名稱。

† **麝香：**這可以用真正的動物麝香（但太稀有，故不實際），也可以用香精來抹擬出相似的味道。

† **草香、珍貴木材：**這可以用精油模擬出類似的香味，例如草香系列最標準的就是香茅和迷迭香，木材系可以用松針、冷杉、絲柏這類精油來表現出足夠的木材香味。

## 品牌香水真正的配方來源

不要妄想你能調出一模一樣的香水，因為品牌香水的配方，本來就不是像電影《香水》那樣，東倒一點廣藿香，滴兩滴茉莉，補一點橙花就能配出來的。每位調香師或香水公司都有自己的香水資料庫，都是以各種代號顯示，光是常見的香味如玫瑰茉莉，可能就有幾十種以上的來源，有些來自香精廠，有些來自植物精油提煉，只有香水實驗室的主管才知道。

公布出來的前中後味，只是調香師在調配時的方向，就算是只寫一個「牡丹」，調配時其實是 A ＋ B ＋ C 共同組合出來，表現出「牡丹」該有的氛圍或意境，並且達到真正配方保密的效果。

↑品牌香水的配方可以給你參考的靈感，讓你知道各種香草的氣味的搭配性。

## 化學香精／香料／植物精油的差別

我們主要是以植物精油做為調配香水的配方，但是在香味世界中，還有很多不是植物精油的來源。

### 化學香精

如前所說，有些香水成分用的名詞很特別，例如：甜玫瑰、玫瑰 12 號、初春玫瑰、海洋玫瑰……這些其實都不是取材自植物玫瑰花的玫瑰，而是化學香精。因為是玫瑰香系的，所以才有這些名稱。

當然，有些花香其實是沒有精油的，這就代表它不能實際的提煉出精油，或是提煉精油是個不實際的想法。例如寶藍蓮花（Blue Lotus）的精油，價格非常昂貴，約是玫瑰精油的數倍，當然，它的香味很特別也很棒，但是考慮到它的高昂成本，使得用它做為香水原料成了不實際的想法。如有可能，用香精的確划算很多。

或是，有些香味就是香水實驗室調出來的成品。因其香味具有特色，故為之命名，做為以後調香水的元素，例如：卡薩布蘭加百合、幽谷百合這些，都屬於這種，所以你也不用費神去找，他們沒有精油。

除了這些香味的基礎元素外，你也會懷疑：為什麼我用精油調出的香水，持久度沒有外面賣的香水那麼久呢？也沒那種漂亮的透明度，以及獨特有氣質的顏色？這就是一個很現實的問題了，香味可以透過定香劑的處理，讓香水更持久。在塑化

↑有些香水的香味，就是香水實驗室調出來的成品，因其香味具有特色，故為之命名，做為以後調香水的元素。

劑濫用的新聞鬧得很兇的時候，就有專家指出，香水中添加的定香成分，也是一種類似塑化劑的化學成分，如果沒有良好的代謝處理排出，而累積在體內，也會對人體有不好的影響。所以，植物精油留香不久的事實，反而是一種正常現象。

化學香精為主所調出的香水，它可以控制顏色，通常調香師只要把配方比例搭配好，顏色？完全是一種行銷訴求，要金黃色？淡藍色？粉紅色？都是另外調出來的。相對的，精油本身就有固定的顏色（通常都是由透明到黃色甚至深黃色），你無法改變，和酒精調配在一起時，還可能起

↑有些花香其實是沒有精油的，但考慮到它的香味，香精也是一種選擇。

混濁的乳白色或是乳黃色，而持久度，也因為沒有定香劑，所以不如市售香水。

但是別忘了，我們用精油調香水，不就是喜歡那種純真天然，無添加，純粹植物原味的感覺嗎？而色素、定香劑或其他特定目的加入的這些化學添加物，總是給人無法信任的疑慮，就像查出定香劑中含有非常妨礙人體健康的塑化劑的新聞事件來看，這就是化學添加背後帶來令人震驚的真相！

總之，你都可以嘗試用精油或你喜歡的成分原料，來模擬出這些品牌香水的相似味道，不要奢望能一樣，因為你既不知道比例（我也不知道，這些都是最高機密），也不可能獲得一模一樣的配方原料，

只要能獲得調配的樂趣，就不用去在乎這些細節了。

## 化學香精的優缺點

優點是：只要化學合成程序，不需要種植植物，所以來源穩定、成本便宜。且香味也穩定，留香時間更久。

缺點是：只有提供香味，不像植物精油還能提供植物精華。大多數的化學定香成分都有致癌或傷害嗅覺的副作用。

關於化學香精致癌或是致敏的問題，其來有自，你隨時只要上Google查詢「香水致癌」的關鍵字，自然能得到最新的消息。

那怎麼辦呢？幾個原則請自行考慮：

† 當然是盡量用植物精油。

† 當然是盡量不要噴在皮膚上（我知道很難）。

† 當然是盡量買品牌香水，不要買山寨A貨或是廉價香水。這點要解釋一下，因為每次公布名單，你會發現也會有品牌香水列名其中，但是，品牌畢竟是品牌，所以只要發現有嫌疑的成分，他們當然馬上排除改進配方與成分，直到過關為止，這就是品牌的信譽，反之如果你用的是仿品或是劣質香水，本身就無信譽考慮，當然不會做任何調整，用品牌香水更有保障。

調精油香水時可以調入化學香精的成分嗎？

這的確是很大的誘惑，因為植物精油留香不會太久，要留香久就是要下重本，也就是多加精油的比例，如果用化學香精就會省多了。

但是，給你的忠告是：寧可下重本，寧可精油的比例高些，寧可每隔一、兩小時就要補噴一次精油香水，我還是建議你不要用化學香精，因為，健康是買不到的。

### 非植物香料來源

除了植物精油外，其實還有很多非植物的香料來源。

動物香料如麝香、龍涎香，或是如沉香，都是很神奇的香料。這裡必須要先介紹香味的最高級別：腐香。

說白了，腐香就是香料的原料是臭的，不好聞的，但是稀釋後反而很香，而且越稀釋越香，且非常持久，在自然界中，只有腐香系的香料才能有最強的定香。

麝香取自麝香科動物，如麝香貓、麝香鹿的香囊腺體，本身非常惡臭，乾燥處理後成為最珍貴的麝香原料。

麝香貓另一個知名的故事，就是讓麝香貓吃了咖啡果，無法消化的咖啡子在肚子裡累積，然後排出糞便，採集人收集這些糞便，清理出咖啡子，就是最頂級的麝香咖啡。大陸有連鎖咖啡店叫做「貓屎咖啡」，應該就是勇敢地向麝香貓的努力致敬。

同理，龍涎香也是抹香鯨的嘔吐物。據說是抹香鯨吃了深海大烏賊後，烏賊那一根軟骨在肚中累積久了，嘔吐出來一大塊硬硬的臭臭的固體，但是，只要刮一點點稀釋了，就是最持久最引人的奇香。

沉香相對來說比較「乾淨」一點，這是一種特定的木頭，沉香木，被特定的菌蛀蝕了，腐敗了，就會轉化為真正的沉香。一般沉香都是一小段一小段的，因為大多是埋在沼澤的腐土裡多年才被挖出來，才是真正的沉香。後來因為上述的細菌腐蝕原理被研究出來，才有人工的方式「種」沉香，但是品質就差多了。

真正的沉香也是很神奇的，只要用美工刀輕輕刮幾下，有一點點的木屑，用打火機點一下，冒點煙，接著整個空間都會聞到那種獨特的沉香味，安撫你的心靈。

以上這些描述，你都會發現共同的特徵：它們都是自然材料，經過腐敗與細菌分解的過程，花下大量的時間，所以成品極其珍貴稀有，不可多得。

因此麝香、沉香這些香料，只能是個美好的傳說，除非有心人也有財力，或許能求得，但是絕不可能商業化生產。所以市面上商品香水如果說含有麝香，那只是模仿的香精，不可能是原生真品。當然啦！如果你有此因緣獲得，不吝做為香水調配的來源，你肯定能調出獨一無二讓人為之傾倒的魔法香水。

# Chapter11

# 經典精油香水配方

**✱ ✱ ✱**

## 人體化學打造你的個性吸引力

### ───── 你的體味給人什麼感覺？ ─────

觀察兩隻狗第一次見面時是怎麼打招呼的呢？牠們會互相聞一聞，事實上，所有的動物都會互相聞一聞，對動物來說，體味重於一切。

人已經超越動物了，我們是「外貌協會」，第一次見面的異性，我們會看一看，打量一下對方，當然也有一見鍾情的機率，那對於人來說，對方的氣味重要嗎？

超級重要！因為這才是加分題！

因為長相不容易改變（美容整容除外），但是體味非常容易調整。除了自然的體味外，你還可以用香水調整，加分或減分。

因此當你第一次約會見到的那個人，除了互相打量對方外，你其實還是不知不覺的在接觸對方的味道。同一個人，也許有幾個可能：

不知道他用了什麼香水，好怪好難聞，我覺得他應該很花……

不知道他有沒有用香水，感覺氣質很舒服，我覺得我們應該很合……

人還不錯，長的滿體面的，不過沒什麼感覺……

以上這種評語，我們都會和閨蜜分享過，事實上同樣的主觀印象也會出現在男生這一邊，「感覺這個女生喜歡耍性感，香水用的好重……。」

從科學的角度來印證，就是女性通常嗅覺比男性靈敏，因為在繁育下一代的過程中，女性是主要的責任擔當者，所以要更謹慎的尋找對象。特別在女性生理周期中，最適合受孕的那幾天，同時也是嗅覺最靈敏的時期。

是的，人類是萬物之靈，我們見面早就不會聞聞對方的屁股了，但是氣味對你的影響，依然存在！

### ───── 強化你的費洛蒙 ─────

1959 年科學家提出「費洛蒙」（Pheromone），用來解釋動物（包含人類）本身會發出不同的氣味，以便進行互動或溝通。最驚天動地的，當然是動物發春時，

↑初學者在調配香水時，要先控制在每一種配方以3～5種精油來完成即可，當你更熟練這些精油的香味後，再去做更多的創意發揮與變化。

母貓所散發的費洛蒙，會讓方圓幾公里內的公貓全部聚集，天天求偶怪叫打架。

在前幾十年，這簡直是一場災難！因為當時誤以為體味就是費洛蒙，香水公司費勁許多心力研發出許多「取材自生物界的費洛蒙因素」，創造出一大堆號稱可以讓男性更性感的香水。這種讓你更 MAN 的香水有沒有用呢？其實是不太管用的，除了少數真的喜歡這種有點像是汗水味甚至狐臭味的逐臭之女外，絕大多數的異性都敬謝不敏。

直到 2000 年後的研究才逐漸揭開出更多的答案，費洛蒙的確存在於體味，存在於汗水中，但是不等於費洛蒙就是汗水味。

且事實上，每個人的費洛蒙都不盡相同，所以每個人的「完美的另一半」喜歡的味也不盡相同，要開發一種所有人都為之瘋狂的吸引異性香水，根本是緣木求魚。

那麼，香水配方要怎麼突破這點呢？

首先，印度的香水科學家從印度性愛寶典《印度愛經》（Kama Sutra）中找答案。他嘗試用科學技術捕捉美女的香味，並且得到的結論是：美女的確有美女獨特的香味，雖然無法複製或製造出來，但是這種香味近似於某些鮮花的香味，花香能為女性的美貌加分，得到印證。

更多的研究發現，每個人喜歡的香味，會對這個人的費洛蒙有放大的作用，這又

為「氣質相近」得到背書。

說的更淺顯一點，就是……

† 每個人都有不同的費洛蒙特徵，也就是你的氣質。

† 你喜歡的香水香味，會融合、強化你的氣質。

† 用香水強化你的氣質，會讓和你氣質相配合的人，更容易接觸到你。

† 真命天子，或是至交好友閨蜜，就是這麼來的。

補充一句，如果還有某些販售香水，號稱可以讓你更性感，但是聞起來怪怪的，老實告訴你，那真的是怪怪的，因為那不是你的費洛蒙！

## 創意與配方

做為初學者，先控制在每一種配方以 3 ～ 5 種精油來完成即可，當你更熟練這些精油的香味後，再去做更多的創意發揮與變化。

以下都以 10ml 的成品為計算，酒精比例隨目的而調整。精油份量以 D 代表滴數。

製作的等級都是接近市售香水（Eau de Toilette）的留香等級（精油香水留香度會比化學香精淡一點，這點之前已經解釋過了）。你如果覺得留香不夠，可以按照比例增加精油的配

方，以不超過兩倍為限（兩倍之內算是香精 Parfum）。

製作成香水的精油成分，都已經被香水酒精熟化，所以刺激性極低，可以接觸衣物，也可以稍微小量接觸皮膚，但不宜接觸臉部、眼睛及身體易刺激敏感的部位（例如黏膜組織）。

可不可以吃呢？嗯～～這是個有趣的問題。當然沒有人會故意吃精油香水，但是你總可能情不自禁的親吻香噴噴的肌膚（小 Baby 或是你的情人），這種機率極大，所以我要回答的仔細一點：

如果是你自製的精油香水，你確定使用的相關器材、成分，都是消毒清洗過了的，噴灑的用量不高，且在噴灑後已經揮發過（超過 10 分鐘）了，你的親吻並無大礙，老實說，精油絕對比化學香精安全些。

↑美女有美女獨特的香味，雖然無法複製或製造出來，但是這種香味近似於某些鮮花的香味，能為女性的美貌加分。

# 男性形象香水

## 為什麼男性更需要香味？

男生本來就比較臭。

男生好動的本質容易有體味、汗臭，常常跑業務外勤工作、騎機車的容易有馬路味……那是一種結合汽車廢氣、灰塵、高溫日曬、結合各種外面環境帶來的複雜難聞氣味。火氣大的容易有口臭，還有煙味，如果你是「不拘小節」的人更是容易有各種怪味，男性本來就沒女性好聞。

香水其實不是用來勾引異性的，這個定義先搞清楚，我們才能教你正確的使用香水。香水是一種禮貌，用來改善身上不好的氣味；香水是一種暗示，讓你不用在臉上寫「我很可靠」，但是你的香味氣質會讓接近你的人覺得你很可靠；香水是隱形的化妝，因為女人是直覺的動物，女人也是對氣味敏感的動物，而香味就是用你的氣味告訴女人的直覺……他其實是個有活力的陽光男孩。所以，用對香水、香味，會讓接觸你的人，不管是男的、女的，會覺得你「氣質很好」。用錯香水，會讓男生覺得你很滑頭，女生覺得你很噁心，而且隨時對異性不安好心眼，要和你保持距離。

## 配方說明

本章的配方較為複雜，因此我們以每次 20ml 容量為調配參考，如果你用的香水瓶小於 20ml，可自行酌量減少份量。

- 1ml=20 滴（d），依此類推。

  精油與香水酒精的標準比例是 50：50，可自行調整，例如酒精：精油為：

- 40：60= 淡香水
- 60：40= 濃香水

  亦可以自行補充其他的精油配方。

## 陽光男孩的精油香水
..

如你喜歡運動、外向活潑，陽光熱情，免不了身上會有些體味，我們可以把體味轉化為體香，汗水味也可以很陽光。適合你的配方是：

配方第 54 號

### 陽光男孩

前味──葡萄柚精油 1ml ＋檸檬精油 1ml ＋
迷迭香精油 2ml ＋薄荷精油 1ml ＋
茶樹精油 2ml
中味──丁香精油 1ml
後味──岩蘭草精油 1ml ＋冷杉精油 1ml

香水酒精 10ml

## 斯文暖男的精油香水
..

你就差一點就成了工具男，還好你不是，你只是斯文，體貼照顧人，溫和但是有定見，你就是女生最完美的情人。適合你的配方是：

配方第 55 號

### 斯文暖男

前味──松針精油 1ml ＋尤加利精油 1ml ＋
馬鞭草精油 2ml
中味──天竺葵精油 2ml ＋雪松精油 1ml ＋
洋甘菊精油 1ml
後味──肉桂精油 1ml ＋安息香精油 1ml

香水酒精 10ml

## 愛家好男人的精油香水
..

你有成熟的家庭價值觀，以老婆小孩為重，過著安穩且滿足的生活，你有一定的社會地位與形象，表現總是那麼得體，別人會因為你而羨慕你的老婆，也會因為你的老婆而羨慕你，適合你的精油配方是：

配方第 56 號

### 愛家好男人

前味──薰衣草精油 2ml ＋葡萄柚精油 1ml
＋茶樹精油 1ml
中味──檜木精油 1ml ＋苦橙葉精油 1ml
後味──乳香精油 2ml ＋薑精油 1ml ＋
茴香精油 1ml

香水酒精 10ml

### 穩重型男的精油香水

· ·

你有讓人羨慕的成就，雖然你很忙但是也有豐富的交際活動，在伙伴與同儕間你顯露的是鋒芒與手腕，在伴侶前欽慕的是你的基石般的氣質，有型有深度，但是沒有距離。適合你的精油香水是：

配方第 57 號

| 穩重型男 |
| --- |

前味──薰衣草精油 2ml ＋冷杉精油 1ml

中味──佛手柑精油 2ml ＋雪松精油 2ml

後味──岩蘭草精油 1ml ＋檀香精油 1ml ＋乳香精油 1ml

香水酒精 10ml

### 創意帥男的精油香水

· ·

從事創意產業的你，隨時給人熱情與才華洋溢，你很早就有成就但是樂於與人分享，因為你總是能發展出更多的成就，接近你的人都能感染到你的樂觀與進取，包含你的家人，適合你的精油香水配方：

配方第 58 號

| 創意帥男 |
| --- |

前味──葡萄柚精油 1ml ＋迷迭香精油 2ml ＋佛手柑精油 1ml ＋薄荷精油 1ml

中味──花梨木精油 2ml ＋冬青木精油 1ml

後味──香蜂草精油 1ml ＋綠花白千層精油 1ml

香水酒精 10ml

306

# 我香故我在

更多元與多變的形象與角色定義，也可以用不同的香水配方。有時候是要符合你的心情轉變，有時候要搭配你造型或職業需求。

## 我是社會新鮮人

都市新鮮人身上總免不了有些異味，例如，老是在自助洗衣店洗衣，衣服上會有點洗衣精的味道。租屋小套房室內總是悶悶的？用太明顯的香水味又怕主管對你品頭論足？何妨來點清雅大方得體、讓人感受到你的誠懇與自信的特調香水？

配方第 59 號

### 職場粉領

前味──薰衣草精油 1ml ＋薄荷精油 1ml ＋葡萄柚精油 1ml

中味──花梨木精油 2ml ＋佛手柑精油 1ml

後味──岩蘭草精油 2ml ＋松針精油 1ml ＋雪松精油 1ml

香水酒精 10ml

## 我是大學生

你還是大學生？或者，你希望被誤認為還是學生？別忘了國外的研究中，少女自身帶有的迷人香氣就是果香味！我們以清新、活潑為主訴求，表達出青春朝氣與樂觀，但也謹守自然隨和的原則。

配方第 60 號

### 永遠十七八

前味──迷迭香精油 1ml ＋檸檬精油 1ml ＋佛手柑精油 1ml ＋葡萄柚精油 2ml

中味──香蜂草精油 1ml ＋天竺葵精油 1ml ＋苦橙葉精油 1ml

後味──安息香精油 1ml ＋洋甘菊精油 1ml

香水酒精 10ml

## 我是辣媽
··

輕熟女大方的表達出熱情的性格，也許有些強勢，但也只有這樣才能符合你的辣，在配方中我們也會在辣中帶有溫度，熱鬧愉悅的香味更為你的美麗加分不少。

配方第 61 號

### 美麗辣媽

前味──依蘭精油 1ml ＋甜橙精油 1ml ＋
　　　香蜂草精油 1ml

中味──玫瑰原精 1ml ＋天竺葵精油 1ml ＋
　　　茉莉精油 1ml

後味──肉桂精油 1ml ＋安息香精油 1ml ＋
　　　沒藥精油 2ml

香水酒精 10ml

## 熱戀加分
··

如何用香味表達你在戀愛中呢？如何讓你的身在一段熱戀之旅中，也用香氛感染、表達、宣告，你正在談戀愛？玫瑰當然是主調，而且還是奧圖玫瑰！

配方第 62 號

### 戀愛中的女人最美

前味──奧圖玫瑰精油 1ml ＋玫瑰天竺葵精
　　　油 1ml

中味──薰衣草精油 2ml ＋花梨木精油 1ml

後味──乳香精油 1ml ＋檀香精油 1ml

香水酒精 10ml

## 女強人氣質
··

用香氣提供威信與領導氣質，讓人無形中感受你的領袖不凡。

配方第 63 號

### 女人我最大

前味──橙花精油 1ml ＋薰衣草精油 1ml

中味──雪松精油 1ml ＋花梨木精油 2ml

後味──玫瑰原精 2ml ＋乳香精油 1ml ＋
　　　檀香精油 2ml

香水酒精 10ml

## 成功業務族

成功的業務員必須八面玲瓏，說話得體，身上帶著禮貌的香味但是不能太強勢也不適合太性感，讓人感到可親可信，才是最好的業務形象。

配方第 64 號

### 銷售冠軍

前味──尤加利精油 1ml ＋檸檬精油 1ml ＋杜松莓精油 1ml

中味──苦橙葉精油 1ml ＋羅勒精油 1ml ＋馬鬱蘭精油 1ml

後味──岩蘭草精油 2ml ＋茴香精油 1ml ＋沒藥精油 1ml

香水酒精 10ml

## 我是文青

這是一款當你思路不暢／鬱悶／低潮／需要專心時用的香水，特別適合腦力工作者或是常需要思考的創意工作者，靈轉的香味，乾淨透徹的靈性，加上科學說服力，讓你立刻感受自己彷彿充了電般，判若兩人。

配方第 65 號

### 達文西

前味──薄荷精油 1ml ＋迷迭香精油 2ml ＋葡萄柚精油 2ml

中味──松針精油 1ml ＋快樂鼠尾草精油 1ml

後味──岩蘭草精油 1ml ＋馬鬱蘭精油 1ml ＋丁香精油 1ml

香水酒精 10ml

## 凍齡族 Hold 得住

你會得意於和女兒出門就像姊妹淘，偶有小鮮肉也會著迷於你的華麗韻味，美魔女是你的暱稱，年齡往往在你不在意間，忘了計時。香水用來表達你的成熟氣質，大方且不經意的流露出性感，當你擁有青春之泉時，每分鐘的快樂都是永恆的。

配方第 66 號

### 青春之泉

前味──茉莉精油 1ml ＋佛手柑精油 2ml ＋葡萄柚精油 2ml

中味──橙花精油 1ml ＋廣藿香精油 1ml

後味──薑精油 1ml ＋沒藥精油 2ml

香水酒精 10ml

## 銀髮族
‥‥

　　老人家代謝慢，動作慢又不精準，或是長期的不良生活習慣，很容易出現一些「老人味」，另外老人家的呼吸系統普遍都很弱，乾咳或是帶痰的濕咳，也很常見，所以給老人家提供的精油香水配方，既要化解「老人味」，又要提供空氣品質的優化，最好還能有正能量的激勵氛圍，給人朝氣與活力，看來銀髮族用的香水，意義更為重大！

配方第 67 號

### 平安健康

前味──冷杉精油 1ml ＋檸檬精油 1ml ＋
　　　茶樹精油 1ml ＋薄荷精油 1ml

中味──檜木精油 1ml ＋廣藿香精油 2ml

後味──沒藥精油 1ml ＋乳香精油 1ml ＋
　　　安息香精油 1ml

香水酒精 10ml

## 運動成癮族
‥‥

　　快樂的出汗、大口的喝水，享受迎接陽光與風吹拂的感覺，也把自己融合在大自然中，用香味表達出你的正面能量！

配方第 68 號

### 陽光下的快樂

前味──迷迭香精油 1ml ＋尤加利精油 1ml
　　　＋茶樹精油 1ml ＋薄荷精油 1ml

中味──檸檬香茅精油 1ml ＋快樂鼠尾草精
　　　油 1ml ＋杜松莓精油 1ml

後味──雪松精油 1ml ＋乳香精油 1ml ＋茴
　　　香精油 1ml

香水酒精 10ml

# 能量開運香水

❋ ❋ ❋

　　精油香水最特別的一點，就是植物精油也是植物的精華，上百倍甚至上千倍的植物原料萃取才能得到的精油，不但有純粹的植物香氣，也有植物的能量。這些精華與能量釋放並還原在你的周遭，所建築的香氣場，也能提供這些能量，精油對人能有「身心靈」的療效，也因於此。

　　我們為你整理精油能量開運的主題與配方建議，供你參考。

### 與開事業運有關的配方
・・
　　不管是希望今年事業順利、步步高升的，或是希望能跳巢成功、失業的也能找到個好的工作的精油有：雪松、冷杉、苦橙葉。你可以用這幾種精油擴香或滴在隨身香氛飾品上，也可以調配開運香水。

配方第 69 號

## 工作順利事業旺

前味——冷杉精油 1ml ＋薄荷精油 1ml ＋
　　　　甜橙精油 1ml

中味——雪松精油 2ml ＋苦橙葉精油 2ml

後味——岩蘭草精油 2ml ＋沒藥精油 1ml

香水酒精 10ml

適合各行各業
增進財運及事業運的精油配方
‥
這款配方適合往外地外國發展，創業開業，或是從事全新的領域開創，研發的投入者。

**創業新貴**

前味──冷杉精油 1ml ＋松針精油 1ml ＋
　　　絲柏精油 1ml

中味──雪松精油 1ml ＋欖香脂精油 1ml ＋
　　　花梨木精油 1ml ＋佛手柑精油 1ml

後味──岩蘭草精油 1ml ＋乳香精油 1ml ＋
　　　檀香精油 1ml

香水酒精 10ml

適合從事
金融、外貿業的精油香水配方
‥
這款配方屬於金錢往來密切，每天與數字為伍，工作壓力大但是成功獲利高的行業人士。

**招財進寶**

前味──奧圖玫瑰精油 1ml ＋葡萄柚精油 1ml
　　　＋檸檬精油 1ml

中味──玫瑰天竺葵精油 2ml ＋洋甘菊精油
　　　1ml ＋橙花精油 1ml

後味──岩蘭草精油 1ml ＋檀香精油 1ml ＋
　　　薑精油 1ml

香水酒精 10ml

適合從事
電子業、科技業的精油香水配方
‥
電子業、科技業也是人人稱羨的行業，但是主要是科技理工男的天下，競爭壓力大，需要專心穩定的心情，冷靜分析的頭腦，而且別忘了，科技必須來自人性，所以理工精密計算的外表，也要包藏著人情溫馨的心。

**科技高手**

前味──薰衣草精油 3ml ＋迷迭香精油 1ml
　　　＋茶樹精油 1ml

中味──冷杉精油 1ml ＋羅勒精油 1ml

後味──檜木精油 1ml ＋茴香精油 1ml ＋
　　　乳香精油 1ml

香水酒精 10ml

適合從事
餐飲、食品、旅遊業者的精油香水配方
‥

這些行業都是服務業，也都是整天與
人打交道，需要好人緣的特質。每天遇到
的人什麼背景都有，和氣才能生財，你所
散發的氣質，也是要讓人喜歡與你接近，
親和力高。

### 最佳人緣獎

前味──甜橙精油 1ml ＋香蜂草精油 1ml ＋
　　　馬鬱蘭精油 1ml

中味──茉莉精油 1ml ＋洋甘菊精油 1ml ＋
　　　依蘭精油 1ml ＋羅勒精油 1ml

後味──岩蘭草精油 1ml ＋茴香精油 1ml ＋
　　　安息香精油 1ml

香水酒精 10ml

適合從事
美容業／ SPA ／健身／瑜伽行業的精
油香水配方
‥

真正的美是從內而外，有美麗的心情，
合宜的身材，保養好的外表，所以無論是
單純做 SPA 美體保養，還是去做瑜伽健身，
其實都是希望自己更美好。而相關的從業
人員，也要把自身的形象保養好，特別是
氣質要照顧到，不可能上課還在教吐納，
下課卻在門口抽菸。

### 美的本質

前味──迷迭香精油 1ml ＋苦橙葉精油 1ml

中味──玫瑰天竺葵精油 2ml ＋花梨木精油
　　　1ml ＋橙花精油 2ml

後味──玫瑰原精 2ml ＋黑胡椒精油 1ml

香水酒精 10ml

適合專業人士的精油香水配方：
如會計師、律師、醫師
· ·

　　清晰有條理的規範，通過認證的品質保證，全然的信任感，是各種「師」的客戶基礎，所以在氣質上唯一要塑造的，就是專業的形象。

配方第 75 號

| 專業 |
| --- |

前味——茶樹精油 1ml ＋絲柏精油 1ml ＋薄荷精油 1ml ＋檸檬精油 1ml

中味——佛手柑精油 1ml ＋迷迭香精油 1ml ＋丁香精油 1ml

後味——岩蘭草精油 1ml ＋檜木精油 1ml ＋乳香精油 1ml

香水酒精 10ml

適合
求學運／考試過關的精油香水配方
· ·

　　用香氛香水來增進考運，希望獲得好成績是有科學根據的。因為根據研究，精油的香味的確能幫助記憶或是注意力的集中，最知名的就是迷迭香。

　　另外也根據這些研究的建議，在讀書或是研習的時候，使用特定的香水配方，能提供特定的「讀書氛圍」，在這種氛圍下讀書的效率也會提高，所以，面臨考試或是尋求好成績的學生，別忘了給自己設計一款「讀書專用」的香水配方，才能事半功倍喔！

配方第 76 號

| 金榜題名 |
| --- |

前味——迷迭香精油 2ml ＋檸檬精油 1ml ＋薄荷精油 1ml

中味——羅勒精油 1ml ＋花梨木精油 1ml ＋薰衣草精油 1ml

後味——岩蘭草精油 1ml ＋香茅精油 1ml ＋雪松精油 1ml

香水酒精 10ml

### 增進你的
### 桃花異性緣的精油香水配方
· ·

香水使用最多的時機與場所就是與異性交往時，因為適當的香味的確為你加分不少。但是男性香水用得不好會讓人對你感覺滑頭、好色、油膩，女性香水用得不好則會讓人對你的印象負面，覺得賣弄性感、做作、招蜂引蝶。

好的香水配方會表達出不凡與特殊氣質，讓人對你好奇、親切、易熟，那是因為精油香味對於異性的磁場特別有相吸效應，可以在體內影響男女的眼神接觸所分泌的多巴胺之類的化學物質，增加你的異性魅力。

### 防小人避壞運的精油香水配方
· ·

此類精油，有助於提升人際關係的和諧，對於經常出口傷人，或是常犯口舌之災的人來說，也有在個性上的修正及提昇自己內心的包容及寬容度，可以讓你近貴人而遠小人。

另外一個妙用則是如果覺得自己氣比較弱，或是出入、經過例如喪事、醫院、車禍意外現場、荒郊野外，而覺得有些不舒服，也可以用這款配方改善自己的磁場。

配方第 77 號

### 桃花開（男生用）

前味──迷迭香精油 1ml ＋馬鞭草精油 1ml ＋薰衣草精油 1ml

中味──花梨木精油 1ml ＋雪松精油 1ml ＋冷杉精油 1ml

後味──檀香精油 2ml ＋檜木精油 1ml ＋廣藿香精油 1ml

香水酒精 10ml

配方第 78 號

### 桃花開（女生用）

前味──奧圖玫瑰精油 1ml ＋橙花精油 1ml ＋薰衣草精油 1ml ＋葡萄柚精油 1ml

中味──茉莉精油 1ml ＋依蘭精油 1ml ＋花梨木精油 1ml

後味──沒藥精油 1ml ＋肉桂精油 1ml ＋乳香精油 1ml

香水酒精 10ml

配方第 79 號

### 小人退散

前味──甜橙精油 1ml ＋葡萄柚精油 1ml ＋薄荷精油 1ml

中味──廣藿香精油 1ml ＋松針精油 1ml ＋天竺葵精油 1ml

後味──檀香精油 2ml ＋岩蘭草精油 2ml

香水酒精 10ml

## 求平安健康運的精油香水配方
‥

眾所皆知很多精油都有助於身體免疫力的提升，精油香氛也可在自身的周遭形成一個屏障，提昇身體的正面能量。用精油香水調配出整體改善你身心靈健康，並提供平安好氣氛，可以用這款配方。

配方第 80 號

### 永保安康

前味——松針精油 1ml ＋杜松莓精油 1ml ＋
茶樹精油 1ml ＋檸檬精油 1ml

中味——雪松精油 1ml ＋百里香精油 1ml ＋
迷迭香精油 1ml

後味——薑精油 1ml ＋肉桂精油 1ml ＋
安息香精油 1ml

香水酒精 10ml

## 增進夫妻感情的精油香水配方
‥

人家說夫妻同心齊力斷金，此類精油對於忙錄的現在夫妻來說，是可以在臥房擴香香氛，或是用一兩滴滴在枕頭或棉被上，可增進彼此的感情，化解平日言語的摩擦及情緒上的反彈，可以讓夫妻同心也有助於做人成功。

配方第 81 號

### 琴瑟和鳴

前味——葡萄柚精油 1ml ＋薰衣草精油 1ml
＋奧圖玫瑰精油 1ml
＋香蜂草精油 1ml

中味——依蘭精油 1ml ＋花梨木精油 1ml ＋
茉莉精油 1ml

後味——岩蘭草精油 1ml ＋肉桂精油 1ml ＋
玫瑰原精 1ml

香水酒精 10ml

## 增進親子和諧／
## 家庭和樂的精油香水配方
‥

佛手柑、苦橙葉、甜橙、芳樟葉、欖香脂。

此類精油很適合用於幼童，可以緩和孩童的焦躁情緒，不管是小孩房或是闔香使用，或是滴在陶香瓶中掛在身上，或使用香氛袋掛在房間門上皆可。

配方第 82 號

### 闔家歡

前味——甜橙精油 1ml ＋檸檬精油 1ml ＋
香蜂草精油 1ml

中味——尤加利精油 1ml ＋苦橙葉精油 1ml
＋快樂鼠尾草精油 1ml

後味——安息香精油 1ml ＋茴香精油 1ml ＋
肉桂精油 1ml

香水酒精 10ml

### 求財運的精油香水配方
··

　　眾所皆知最招財的精油排名就是：檀香、洋甘菊、岩蘭草。檀香俗稱黃金樹，本身又有宗教神聖的地位。洋甘菊號稱最招好手氣的精油，把洋甘菊當作隨手香，就算摸樂透也能祝你好運。岩蘭草是標準的土木香，有土就有財，那麼，要如何搭配出招財的香水配方呢？

配方第 83 號

## 財神到

前味──洋甘菊精油 2ml ＋薰衣草精油 1ml
　　　＋苦橙葉精油 1ml

中味──馬鬱蘭精油 1ml ＋香茅精油 1ml ＋
　　　杜松莓精油 1ml

後味──檀香精油 1ml ＋岩蘭草精油 2ml

香水酒精 10ml

# 生活與工作氛圍香水

・・・

### 四季氛圍主題的精油香水配方
・・

度過了冬天的畏縮寒冷，春天要充滿活力，充滿朝氣。馬鬱蘭與迷迭香可以提供你清新草香的活力，佛手柑擺脫憂鬱迎接朝氣，洋甘菊與橙花都是香味強烈且帶來愉快的香氛能量，馬鞭草與雪松的搭配，沒藥與乳香的搭配，也都是提供美好的春日訊息。

配方第 84 號

**春之香氛**

前味──馬鬱蘭精油 1ml ＋迷迭香精油 2ml ＋佛手柑精油 1ml

中味──洋甘菊精油 1ml ＋橙花精油 1ml ＋馬鞭草精油 1ml

後味──沒藥精油 1ml ＋雪松精油 1ml ＋乳香精油 1ml

香水酒精 10ml

讓清涼的藥草薄荷拉開你夏日序幕，迷迭香與甜橙完美的香氣比例給你隨時的靈活心情。松針、天竺葵、香蜂草、檸檬……讓你享受夏季的活力與能量，這個夏天你最酷！

配方第 85 號

**夏之香氛**

前味──薄荷精油 2ml ＋迷迭香精油 1ml ＋甜橙精油 2ml ＋檸檬精油 1ml

中味──天竺葵精油 1ml ＋松針精油 1ml ＋香蜂草精油 1ml

後味──岩蘭草精油 1ml

香水酒精 10ml

冰封森林的冷杉揭開序幕，家裡那顆雪松香柏聖誕樹給你甜蜜迎接，茴香肉桂像是廚房裡的準備的大餐，安息香有著舒適懶散的氛圍，這就是冬天回到家的溫馨香氛。

配方第 86 號

### 冬之香氛

前味——冷杉精油 2ml ＋絲柏精油 1ml

中味——雪松精油 2ml

後味——安息香精油 1ml ＋茴香精油 2ml ＋肉桂精油 2ml

香水酒精 10ml

## 適合浴室情調香水

你希望家裡的浴室，該有什麼樣的氛圍？是乾淨清爽？那就要有尤加利來消除廁所異味，是清新明朗？那就該用檸檬精油來清新空氣。是放鬆、紓壓的私人空間？那就用茉莉、苦橙葉最好放鬆。其實這些都可以用為浴室的香氛，我們提供一種示範配方，其他的你可以自行創意發揮，調出來的香水可以做為浴室隨手的專用香水，也可以用於泡澡使用。

配方第 87 號

### 清新浪漫

前味——尤加利精油 1ml ＋薄荷精油 2ml ＋冷杉精油 2ml

中味——苦橙葉精油 3ml

後味——茉莉精油 2ml

香水酒精 10ml

適合客廳情調香水
‥
精油可以把原本是世界各地的植物精華，濃縮成精油，再稀釋成香味配方，還原在你的環境四周，客廳如果有了檜木精油的香味，就可以讓你的客廳變成森林芬多精大地，有了冷杉精油，讓你的客廳變成歐洲度假中心，你希望你的客廳有什麼香氛氛圍呢？

配方第 88 號

## 森呼吸

前味──冷杉精油 2ml ＋絲柏精油 1ml

中味──檜木精油 3ml ＋雪松精油 2ml ＋
　　　　杜松莓精油 1ml

後味──岩蘭草精油 1ml

香水酒精 10ml

## 適合長輩房／病房／長照房情調香水

老人家或是需要長照的病人，在需求上有幾個特徵：

† 行動緩慢，因此多半長期待在室內，悶在家裡。因此房間的空氣品質很重要。

† 因為行動不便或是不精準，以及消化系統，呼吸系統多少都會有些累積的毛病，因此體味會比較重，也就是「老人味」。

† 老人家會面臨記憶衰退的問題，而嗅覺神經連結大腦的海馬迴，就是最重要的與記憶相關的部位。

† 需要把心情多作開導，保持樂觀積極的心態。

因此比較相關的精油有這些：

❖ **迷迭香精油**：增強記憶力，活化腦力。
❖ **松針精油**：改善空氣品質，消除異味。
❖ **香蜂草精油**：靈動空氣，活力十足。
❖ **雪松精油**：芬多精是空氣維他命。
❖ **天竺葵精油**：改善更年期的不適。
❖ **絲柏精油**：穩定病人焦躁的情緒。
❖ **迷迭香精油**：分解病房中那種屬於醫院的冷漠氣味，並提供很好的殺菌能力。
❖ **薰衣草精油**：安撫長期病患神經，並協助不易入睡的困擾。
❖ **冷杉精油**：開闊病人煩悶的心情，給予自身免疫系統的協助，幫助康復。
❖ **檸檬精油**：對於食欲不佳，心情不好的病人能有協助及提供正能量。

所以除了推薦的香氛配方外，也可以自行變化，盡可能多用精油把房間佈置出戶外大自然的氛圍，更有益身心。

配方第 89 號

### 永保長青

前味——迷迭香精油 1ml ＋檸檬精油 1ml ＋甜橙精油 1ml ＋佛手柑精油 1ml

中味——香蜂草精油 1ml ＋松針精油 1ml ＋天竺葵精油 1ml

後味——安息香精油 1ml ＋岩蘭草精油 1ml ＋廣藿香精油 1ml

香水酒精 10ml

### 適合小孩房情調香水
∴

嗅覺神經是第一對腦神經，28 週的胎兒就已經有嗅覺了，根據研究甚至在媽媽的羊水中，胎兒就會對氣味作出反應。剛出生的嬰兒也有識別媽媽的氣味與飢餓時尋找奶水氣味的本能，氣味對嬰幼兒的重要程度超過你我的想像，最實際的例子是，很多人甚至會保留他（她）小時候用的枕頭布或是破被子，並且要聞著這種氣味才好入睡。

用精油香水裝飾小孩房並提供舒適的氛圍，對小朋友的身心發展，心理需求都有非常驚人的協助，以下三個主題香味絕對不可錯過：

✤ **洋甘菊精油**：給小 baby 安全與自信的氛圍。
✤ **甜橙精油**：給小 baby 快樂與滿足的氛圍。
✤ **安息香精油**：給小 baby 幸福與甜美的氛圍。

配方第 90 號

| 親親寶貝 |
| --- |

前味──薰衣草精油 2ml ＋甜橙精油 2ml

中味──洋甘菊精油 1ml ＋依蘭精油 1ml ＋
　　　冷杉精油 1ml

後味──檀香精油 1ml ＋乳香精油 1ml ＋
　　　安息香精油 1ml

香水酒精 10ml

（備註：這個安全配方蠶豆症患者也可以用，但擴香或使用香水香氛時，需與小朋友保持一公尺外距離。）

## 適合臥房情調香水
..

臥房是最需要香氛情趣的首選，事實上你應該多準備幾種臥房情調的香水配方，以搭配不同的時機與需求，在此先點出主題精油能有那些訴求：

✤ **玫瑰精油**：臥房首選當然是玫瑰精油（原精或奧圖都可以），花中之后。

✤ **茉莉精油**：另一種非常推崇的浪漫氛圍創造者，提供濃郁醉人的香味。

✤ **依蘭精油**：在依蘭的盛產地東南亞一帶，新婚房一定灑滿依蘭花瓣。

✤ **薰衣草精油**：眼睛閉上，你彷彿置身夢幻紫色的薰衣草原間。

✤ **馬鞭草精油**：充滿活力與靈感的精油，能給你帶來好夢。

✤ **乳香精油**：古時比黃金還珍貴的乳香，穩定心神並給予安全感，適合有信仰的人。

以上這些主題，或浪漫或紓壓或禪定，都可以成為臥房的今夜主題，我們以浪漫為例，示範浪漫的臥房該如何搭配香氛香水。

配方第 91 號

### 永浴愛河

前味——薰衣草精油 2ml ＋奧圖玫瑰精油 1ml
中味——依蘭精油 2ml ＋甜橙精油 1ml ＋
　　　苦橙葉精油 1ml
後味——薑精油 1ml ＋肉桂精油 1ml ＋
　　　玫瑰原精 1ml

香水酒精 10ml

## 適合書房情調香水
..

書房可以是孩子做功課，用功讀書的地方，也可以是在家工作者的工作室，或是下班回家後，思考、放鬆、冥想、泡茶的休閒室，你的書房是哪種呢？

✤ **檜木精油**：最有古樸書卷味的香味。

✤ **迷迭香精油**：集中注意力，讀書做研究最有效率的香味。

✤ **檀香精油**：適合創意冥想，打坐禪定。

✤ **佛手柑精油**：自由發想，放空發呆看漫畫的心情。

選定一種主題氛圍，並搭配合適的助攻香氛精油，創造出你要的書房氣質。

配方第 92 號

### 效率讀書房

前味——迷迭香精油 2ml ＋薄荷精油 2ml
中味——檸檬精油 1ml ＋松針精油 1ml ＋
　　　絲柏精油 1ml
後味——岩蘭草精油 1ml ＋＋
　　　快樂鼠尾草精油 1ml ＋
　　　杜松莓精油 1ml

香水酒精 10ml

### 適合會客室大廳氛圍香水

許多企業經營者花了大把費用打廣告、做行銷包裝，目的當然是為了要給市場給業界良好的品牌印象，這樣業務推動才能更順利，請問有思考過，當合作商家或客戶來訪時，他們對你公司的第一眼印象從哪裡開始呢？

迎賓櫃檯？會客廳？門口大廳？

國內某家知名五星級度假酒店在一樓大廳會用上玫瑰精油，營造高貴的第一眼印象，而在房客等候室用的是木香、迷迭香、肉桂香料的複方調香氛，營造家的溫馨感，據說這個酒店的經營者本身就有是芳療精油的興趣，因此她也懂得用香氛在無形中給來客營造出獨特的氣質。

你希望你的企業或是營業場所能給每個訪客什麼感受呢？

✤ **松針精油**：展現公司大方、熱誠、冷靜的形象。

✤ **葡萄柚精油**：展現公司有活力、親切、有創意的形象。

✤ **岩蘭草精油**：展現公司穩紮穩打，根基深厚，在乎耕耘的形象。

✤ **花梨木精油**：展現公司活潑求新求變的形象。

✤ **迷迭香精油**：展現公司高科技，效率的形象。

如果是一間氣氛活潑輕鬆的服飾賣場，在你的營業大廳可以用輕鬆、愉快的香氛作為前味，在中後味可以用厚實的草香與溫暖的香料香營造溫馨感與購物信任。

配方第 93 號

| 快樂購物日 |
| --- |

前味——葡萄柚精油 1ml ＋甜橙精油 1ml ＋
　　　芳樟葉精油 1ml ＋薄荷精油 1ml

中味——香茅精油 1ml ＋馬鬱蘭精油 1ml ＋
　　　雪松精油 1ml

後味——肉桂精油 1ml ＋茴香精油 1ml ＋
　　　安息香精油 1ml

香水酒精 10ml

### 適合主管辦公室氛圍香水

你是個好主管嗎？

這樣問也許太直接，那麼，你覺得你是個稱職的主管嗎？你希望你給下屬或是公司其他同事，又是甚麼樣的感覺？是親切？威嚴？溫情？還是其他？這些抽象的場域氣氛，也都可以用精油營造出對應氣場：

✤ **檀香精油**：給人威嚴、有執行力的王者形象。

✤ **茉莉精油**：給人女王般的雍容華貴且親民的皇家形象。

✤ **橙花精油**：給人親切易溝通、沒有架子的平行形象。

合適的領袖氣質，才能領導出精準的企業文化與形象特質，這個團隊與公司品牌形象也才能更突出。

配方第 94 號

## 女王陛下

前味──薰衣草精油 1ml ＋香蜂草精油 1ml ＋冷杉精油 1ml ＋檸檬精油 1ml

中味──奧圖茉莉精油 1ml ＋洋甘菊精油 1ml ＋佛手柑精油 1ml

後味──乳香精油 1ml ＋沒藥精油 1ml ＋廣藿香精油 1ml

香水酒精 10ml

## 適合會議室氛圍香水
··

上班族對於每一次會議，應該都有不同的經驗值。

有的會議火藥味十足，互相指責，有的會議沉悶單調，苦思無解，偏偏叫做腦力激盪會，有的會議勾心鬥角，互相推卸責任……會議室的功能應該是集中智慧，解決問題，得到結論，才是個成功的會議。這時候，會議室的空氣中瀰漫著什麼「氣氛」，就很重要了。

❖ 葡萄柚精油：激發創意與靈感，活潑空氣。

❖ 薰衣草精油：降低討論或爭執時的火藥味，提供和諧的氛圍。

❖ 雪松精油：踏實與靈感完美的平衡，讓會議內容不至於天馬行空而有實際的意義。

我們用葡萄柚做為香味主題，設計出一款最適合腦力激盪用的氛圍香水。

配方第 95 號

### 靈感大爆發

前味──葡萄柚精油 2ml ＋薄荷精油 1ml ＋甜橙精油 1ml

中味──花梨木精油 1ml ＋芳樟葉精油 1ml ＋羅勒精油 1ml

後味──香茅精油 1ml ＋黑胡椒精油 1ml ＋丁香精油 1ml

香水酒精 10ml

## 適合團體辦公室氛圍香水
··

公司裡最普遍的工作環境就是團體辦公室，在一個大空間中，分隔出每個人工作的小單位，既保留個人一定的隱私與工作範圍，也很容易進行團體的溝通協調。但是這種大空間有個缺點就是空氣品質，例如某人只要在座位上吃個便當，或是某位同事很容易流汗，還有就是在影印機旁邊總是有股怪怪的味道，據說是影印時會發出的臭氧，更別提空調，如果沒有常常清潔保養，肯定會有悶悶的空調怪味。

這些氣味直接間接的影響你的心情與健康，但是作為團體辦公室的一份子，你也無能為力，只好默默承受。看看下面的清單，你覺得你需要處理哪些問題呢？

❖ 迷迭香精油：協助注意力的集中，工作效率。

❖ 薄荷精油：化解煩悶，提供清新。

❖ 尤加利精油：提供乾淨的空氣，降低流感時的交互感染機率。

❖ 薰衣草精油：提供令人愉快的輕鬆的香氛。

我想百分之百的認為都需要吧？那我們把這些配方都加進去！

配方第 96 號

### 團結一致

前味──迷迭香精油 2ml ＋薄荷精油 1ml ＋尤加利精油 2ml ＋薰衣草精油 1ml

中味──絲柏精油 1ml ＋茶樹精油 1ml

後味──香茅精油 1ml ＋安息香精油 1ml

香水酒精 10ml

### 適合車內情調香水
..

最聰明的人一定懂得在車上用精油做為香氛來源，而不是汽車香水。

真心不騙。

車室空間那麼小，所以香氛的濃度也比較高，如果用市售常見的化學香精汽車香水，對乘客的危害也更大。回想一下是不是常常有人抱怨，不喜歡汽車香水，覺得聞起來不舒服，暈車想吐？改用自己調配的植物精油香水，立刻轉害為利，更為享受！

* **薄荷精油**：提神醒腦的首選，保證讓你開車神清氣爽，精神百倍。
* **檜木精油**：化解煩躁，提供芬多精，讓開車成為心曠神怡的駕馭，而非堵在路上的煩心。

* **茶樹精油**：預防病毒，提供密閉的車室空間中更多的安全。
* **薰衣草精油**：紓解壓力，穩定精神。
* **甜橙精油**：提供快樂出遊的心情。

其實以上任何一種做為車上的香氛香水，就足以提供很棒的氛圍感受，我們就以清新安全為主題，發揮創意，設計出複方的車用香水。

配方第 97 號

| 平安行車、清醒一路 |
|---|

前味──薄荷精油 2ml ＋甜橙精油 1ml ＋松針精油 1ml

中味──茶樹精油 2ml ＋尤加利精油 2ml

後味──丁香精油 1ml ＋乳香精油 1ml

香水酒精 10ml

# 升級自我的香水配方

❦ ❦ ❦

自己調配香水的另一個好處是可以很自我，可以根據自己的個性做調整修改，例如覺得自己缺乏自信？或是比較憂鬱？你都可以給自己用精油香水升級的機會。

### 自信升級的香水配方
‥

在現今社會競爭下，我們總是活在別人的眼光下，在乎別人的看法、想法，總覺得自己不夠好、不夠聰明、不夠成功，長期受困於此無法擺脫，以至於越來越沒有自信；此配方茉莉、馬鞭草、洋甘菊增加自信與勇氣，薑給予正向積極的感受；整體幫助提升自我活力與自信，活出自在的人生。

配方第 98 號

**神采飛揚**

前味——薄荷精油 3ml ＋檸檬精油 3ml ＋茶樹精油 0.5ml

中味——馬鞭草精油 1ml ＋洋甘菊精油 1ml ＋檸檬香茅精油 0.5ml

後味——薑精油 0.5ml ＋茉莉精油 0.5ml

香水酒精 10ml

### 熱情升級的香水配方
..

現代人工作繁忙，長期處於壓力，情緒焦慮、低落，對於生活已無熱情與新鮮感，此配方果香增添愉悅快樂氛圍；花梨木給於支持陪伴感受，讓人感覺溫暖；岩蘭草供給每日所需能量，給予活力與精力；幫現代人遠離憂鬱低落的情緒。

配方第 99 號

**喜樂常在**

前味──甜橙精油 1.5ml ＋葡萄柚精油 2ml ＋檸檬精油 1.5ml

中味──花梨木精油 2ml ＋薰衣草精油 2ml

後味──岩蘭草精油 1ml

香水酒精 10ml

### 釋放壓力的香水配方
..

適合被生活壓力所綑綁的現代人；壓力、壓抑、疲累、疲憊、無力感壓得身體喘不過氣，感覺整個人快被擊垮，這樣的形容剛好符合你的狀態嗎？伊蘭將你壓抑許久身心得到釋放，薑給你活力的來源，乳香、黑胡椒將堆積已久的身心毒素循環代謝，幫助你把重擔都卸下。

配方第 100 號

**解脫釋放**

前味──甜橙精油 3ml ＋薄荷精油 1ml ＋乳香精油 1.5ml

中味──薰衣草精油 2ml ＋黑胡椒精油 1ml

後味──伊蘭精油 0.5ml ＋薑精油 0.5ml

香水酒精 10ml

### 活力升級的香水配方
..

適合懶惰、被動、認命，活在過去，對未來失去熱情的人。沒藥幫助面對未來斬斷過去；薄荷、迷迭香、羅勒給予精神集中；天竺葵給予正面積極能量；薑、岩蘭草補充活力；散發活力，擁抱挑戰，積極面對未來！

配方第 101 號

**活力四射**

前味──薄荷精油 3.5ml ＋甜橙精油 3.5ml

中味──快樂鼠尾草精油 0.75ml ＋天竺葵精油 1ml ＋羅勒精油 0.25ml ＋迷迭香精油 0.25ml

後味──沒藥精油 0.25ml ＋薑精油 0.25ml ＋岩蘭草精油 0.25ml

香水酒精 10ml

### 勇氣升級的香水配方
‥

遭遇挫折缺乏勇氣，意志消沉，讓你提不起勁嗎？馬鞭草幫你重拾自信勇氣，迷迭香幫助你思考清晰，薑、肉桂給你源源不絕的活力，葡萄柚、甜橙給你陽光的正能量；相信自己，勇往直前吧！

配方第 102 號

#### 勇往直前

前味──葡萄柚精油 3ml ＋甜橙精油 2ml ＋薄荷精油 1ml

中味──馬鞭草精油 1.5ml ＋迷迭香精油 1ml ＋茴香精油 0.5ml

後味──薑精油 0.5ml ＋肉桂精油 0.5ml

香水酒精 10ml

### 暫停一下的香水配方
‥

適合休憩時放鬆，享受個人時光；找一個愜意的午後，一個人的獨處時光，喝個下午茶，感受味覺與嗅覺的饗宴。

配方第 103 號

#### 自在樂活

前味──葡萄柚精油 3ml ＋薄荷精油 1ml ＋檸檬精油 2ml

中味──洋甘菊精油 0.5ml ＋馬鬱蘭精油 1ml ＋迷迭香精油 1ml

後味──檜木精油 0.5ml ＋橙花精油 1ml

香水酒精 10ml

## 拋開煩惱的香水配方
··

適合煩惱多的人，想太多的人；生活中的煩惱想也想不清，反覆思索也找不到答案；輕快的氣味，讓你拋開枷鎖，別想太多，保持樂觀的心態，傻人有傻福。

配方第 104 號

### 無憂無慮

前味——檸檬精油 2ml ＋佛手柑精油 1ml ＋
　　　甜橙精油 1ml ＋葡萄柚精油 2ml

中味——薰衣草精油 0.5ml ＋花梨木精油 1ml
　　　＋迷迭香精油 1ml ＋絲柏精油 0.5ml

後味——雪松精油 0.5ml ＋檜木精油 0.5ml

香水酒精 10ml

## 正能量升級的香水配方
··

適合憂慮、擔憂，覺得烏雲壟罩，負面情緒高漲，滿腦子想的都是不好事情的人；絲柏、松針、冷杉、雪松幫助你認識自我、認同自我、淨化提升自我；乳香幫助斬斷不好的回憶；岩蘭草給予根源能量；檸檬、葡萄柚給予魅力與自信。

配方第 105 號

### 清新淨化

前味——檸檬精油 2ml ＋葡萄柚精油 1ml ＋
　　　尤加利精油 1ml ＋乳香精油 2ml

中味——松針精油 1ml ＋絲柏精油 1ml ＋
　　　冷杉精油 1ml

後味——岩蘭草精油 0.5ml ＋雪松精油 0.5ml

香水酒精 10ml

## 快樂升級的香水配方
··

快樂就是那麼簡單，花果香氣適合營造快樂氛圍，在任何你想塑造輕鬆愉悅的時刻都可使用。

配方第 106 號

### 快樂泉源

前味——甜橙精油 2ml ＋葡萄柚精油 2ml ＋
　　　佛手柑精油 2ml

中味——花梨木精油 1.25ml ＋
　　　薰衣草精油 1ml

後味——玫瑰精油 1ml ＋丁香精油 0.25ml ＋
　　　肉桂精油 0.25ml ＋薑精油 0.25ml

香水酒精 10ml

## 魅力升級的香水配方
· ·

　　嬌豔的花香氣息，彷彿置身於富麗堂皇充滿各種美麗花朵的皇宮一般。

　　前味帶有一絲絲的果香氣息，在這裡代表著那原始純真的心，在歷經各種生活與感情的歷練後，成為更具智慧與魅力的成熟女性，此時，需要被撫慰的心靈更是潛藏在那表面從容的外表之下。

配方第 107 號

| 妊紫嫣紅 |
|---|

前味──佛手柑精油 2ml ＋檸檬精油 1.5ml
中味──天竺葵精油 2ml ＋薰衣草精油 1.5ml
　　　　＋花梨木精油 1ml
後味──丁香精油 0.5ml ＋伊蘭精油 0.5ml ＋
　　　　廣藿香 0.5ml ＋玫瑰精油 0.5ml

香水酒精 10ml

## 沉澱自我的香水配方
· ·

　　與自己共處，找尋內心的平靜與喜樂，遠離焦慮；洋甘菊、薰衣草、苦橙葉、安息香幫助你沉穩寧靜；乳香、雪松讓你看清自我，不再隨波逐流。

配方第 108 號

| 寧靜平衡 |
|---|

前味──乳香精油 4ml ＋薄荷精油 1ml
中味──洋甘菊精油 1ml ＋芳樟葉精油 1ml
　　　　＋薰衣草精油 1ml ＋苦橙葉精油 1ml
後味──安息香精油 0.5ml ＋雪松精油 0.5ml

香水酒精 10ml

## OL 戰力升級的香水配方
· ·

　　帶有一絲絲甜味的青草香，在這裡代表著年輕有想法的年輕女孩，在職場中擁有目標與夢想，在追求生活如何更加美好的道路上，內心不免經歷挫折與打擊。

　　在苦難與挑戰中越挫越勇，如蘋果的香氣帶來無比的勇氣及撫慰人心的花香，使人看見未來無限的希望與奇蹟。

配方第 109 號

| 綠色奇蹟 |
|---|

前味──薄荷精油 1ml ＋尤加利精油 1ml ＋
　　　　葡萄柚精油 1.5ml
中味──洋甘菊精油 2ml ＋玫瑰天竺葵精油
　　　　2ml ＋快樂鼠尾草精油 1ml ＋馬鬱蘭
　　　　精油 0.5ml
後味──廣藿香精油 0.5ml ＋安息香精油 0.5ml

香水酒精 10ml

# 喜怒哀樂的香水配方

味如其名，果香調為主的喜悅香氣，讓你憶起失去已久的喜悅笑容。

陽光、快樂的記憶湧現，將這一切的美好記憶都串連在一起，讓微笑不由自主地自然展現開來，這種喜悅尤其內斂而不高調，讓快樂留在心裡面細細品味，意猶未盡。

配方第 110 號

**八方情感系列——喜笑顏開**

前味——葡萄柚精油 3ml ＋甜橙精油 2ml
中味——洋甘菊精油 1ml ＋馬鞭草精油 1ml
後味——冷杉精油 1ml ＋橙花精油 2ml

香水酒精 10ml

壓力、焦慮，是產生憤怒情緒的常見因子，佛手柑神奇的魔力讓情緒產生流動。

看似強勢憤怒情緒的外表下，其實常有一顆脆弱容易受傷的心靈，猶如在野外的猛獸一般，其實也是常感寂寞和無助的，花草果木多層次的氣味交替，產生出獨特的安定感受。

配方第 111 號

**八方情感系列——心如止水**

前味——佛手柑精油 3ml
中味——玫瑰精油 1ml ＋苦橙葉精油 2ml ＋
　　　　薰衣草精油 2ml
後味——岩蘭草精油 1ml ＋檀香精油 1ml

香水酒精 10ml

哀傷是自我療鬱的必經過程，但經常容易感到哀傷的人，會習慣常用悲觀的角度看待許多事物。有著蜂蜜香甜又帶著活潑的氣味，最適合引領著情緒走向樂觀與希望。任何困難與不幸，都有著希望和轉機，重要的是，我們是否願意讓自己將注意力擺對地方，一起和哀傷道別吧！

配方第 112 號

**八方情感系列——告別哀傷**

前味——佛手柑精油 1.5ml ＋薄荷精油 2ml ＋
　　　　香蜂草精油 2ml
中味——天竺葵精油 2ml ＋馬鬱蘭精油 1ml
後味——沒藥精油 0.5ml ＋安息香精油 0.5ml
　　　　＋檀香精油 0.5ml

香水酒精 10ml

### 樂

有著年輕可愛和溫暖的果香氣息讓人意猶未盡。真正的快樂並不是一時的，而是常在我們的心中，成為一種習慣，一種生活的態度。快樂的氛圍在這樣的氣息當中可以感受到三種不同的層次，也意味著人生在不同階段都有值得令人快樂的事情不斷在發生，等待我們去體驗和探索。

配方第 113 號

**八方情感系列——樂不可支**

前味──甜橙精油 2.5ml ＋檸檬精油 2ml

中味──橙花精油 1ml ＋苦橙葉精油 1ml ＋洋甘菊精油 1ml

後味──雪松精油 1ml ＋安息香精油 1.5ml

香水酒精 10ml

人生無常，叫一個活在悲痛中的人開心一點，就如同叫一名坐在輪椅上無法行走的人站起來一樣。

悲痛，需要被接納，它會使我們更成熟。用療癒師的高級配方，撫平你心中說不出的痛楚，疏通心口淤塞已久的情緒毒素。

配方第 114 號

**八方情感系列——撫慰悲痛**

前味——香蜂草精油 2ml

中味——永久花精油 2ml ＋苦橙葉精油 2ml ＋玫瑰精油 2ml

後味——檀香精油 2ml

香水酒精 10ml

在都市叢林生活中的你我，或許早已習慣了快速的生活步調，緊張和敏感的神經也就伴隨而來。

由甜美果香帶出一系列多層次而穩重的草木香氣，使你我在面對這些突如其來，令人措手不及的事件中，處變不驚、從容不迫。

配方第 115 號

**八方情感系列——從容不迫**

前味——佛手柑精油 3ml

中味——薰衣草精油 2ml ＋洋甘菊精油 2.5ml

後味——檀香精油 1.5ml ＋廣藿香精油 1ml

香水酒精 10ml

### 恐

恐懼，來自未知的領域和心中的想像。

清新帶點微酸的前味讓人思緒清晰，更有自信去面對未知的未來。帶出遼闊草原的中味主調，代表的更是理性，不輕易被情緒所干擾。最後留下來的則是厚實的花香基調，阻擋了不美好的經驗來影響現在的自己，讓自信轉化為真正的勇氣。

配方第 116 號

**八方情感系列——萬夫之勇**

前味——薄荷精油 2.5ml ＋檸檬精油 2ml

中味——快樂鼠尾草精油 1ml ＋洋甘菊精油 1ml ＋絲柏精油 1ml

後味——茉莉精油 1.5ml ＋乳香精油 1ml

香水酒精 10ml

思

心中有百般牽掛，或者是容易活在過去的人，往往容易忽略了現在的自己其實可以更美麗。

芳樟葉與花梨木和冬青木的香遇後，更能讓冬青木的涼與甜被芳樟葉帶到更深度的展現，呈現出類似桂花的香氣。肉桂與少許的伊蘭作為基香，更能表現等待一個人的心情。

較多的尖銳前味，則是再將整個愁悵的心情帶往此刻認真積極活在當下的自己，然而過去的種種，我們卻能以微笑來回應。

配方第 117 號

**八方情感系列──神采奕奕**

前味──迷迭香精油 2ml ＋檸檬精油 2.5ml ＋
　　　冬青木精油 1ml

中味──天竺葵精油 1ml ＋花梨木精油 1ml

後味──肉桂精油 1ml ＋芳樟葉精油 1ml ＋
　　　伊蘭精油 0.5ml

香水酒精 10ml

## COSPLAY 用香水變裝配方
··

香水香氛是女性帶有魔法的隱身衣，眾人看不到卻有影響人的魔力，你希望裝扮成哪一種呢？

配方第 118 號

### 魅惑女人香

前味──山雞椒精油 1ml ＋茴香精油 1ml

中味──玫瑰天竺葵精油 3ml ＋
　　　　薰衣草精油 3ml

後味──乳香精油 1.5ml

香水酒精 10ml

魔法加分配方 ＋橙花精油 0.5ml

**配方特色**
··

女性回春用油，特別協助女性在冬天的精油香水配方，英國美容教主摩利夫人說芳香療法的目的不是治病是回春，這款的香氣調合了所有女性荷爾蒙平衡的香氣，對於情緒與身體都有很好的作用。

配方第 119 號

## 埃及艷后

前味──甜橙精油 3ml

中味──玫瑰草精油 2ml ＋花梨木精油 1ml
＋玫瑰天竺葵精油 3ml

後味──橙花精油 0.5ml

香水酒精 10ml

魔法加分配方 ＋保加利亞奧圖玫瑰精油
0.5ml

**配方特色**

　　在感情上遇到很多風雨，逐漸失去自我信心的女性，讓我們用皇后系列的玫瑰與公主系列的橙花療癒自我的身心靈能量，特色是激發女性魅力，讓自我在情感上戰無不勝，攻無不克。

---

配方第 120 號

## 桃花朵朵

前味──檸檬精油 1ml ＋甜橙精油 2ml

中味──玫瑰天竺葵精油 3ml ＋
高地薰衣草精油 2ml

後味──依蘭精油 1ml

香水酒精 10ml

魔法加分配方 ＋小花茉莉精油 1ml

**配方特色**

　　魅力無限的招桃花香氣，讓女性的朋友在情感上創造幸福，配合深邃的小花茉莉的氣味如同東方女性溫柔深具的力量，對於渴望呵護與愛情的女性有強大的支持力量。

---

配方第 121 號

## 第一次約會

前味──香蜂草精油 1ml ＋佛手柑精油 1ml
＋薰衣草精油 1ml

中味──橙花精油 1ml ＋依蘭精油 1ml

後味──乳香精油 1ml ＋玫瑰精油 1ml ＋
薑精油 1ml

香水酒精 10ml

魔法加分配方 ＋葡萄柚精油 1ml

**配方特色**

　　略輕柔的香味，充分表達出女性溫柔婉約，氣質出眾以及你的禮貌，使你在第一眼的印象中，就先聲奪人！葡萄柚香彷彿少女的體香，薰衣草激發出淡淡的花蜜香，偷偷藏了點薑香是讓他不要小瞧你以為可欺，這個配方就是要表達出你的出眾風采。

索 引

# 精油與香水配方應用一覽表

## 冷杉

## 快樂鼠尾草

## 沒藥

## 乳香

## 依蘭

## 岩蘭草

## 香茅

## 香蜂草

## 茴香

## 茶樹

## 迷迭香

## 馬鞭草

## 馬鬱蘭

## 甜橙

## 檜木

## 薄荷

## 薑

## 檸檬

## 薰衣草

## 羅勒

客廳 Living 0005

# 精油香水第一次玩就上癮

創造香氛新樂趣，40 種精油香氣解析＋ 10 大調香經典法則＋ 120 款獨家香水配方，
絕不藏私完整公開！

作者：芳療師 Nina
商品贊助：香草魔法學苑
總編輯：曹馥蘭
行銷主任：邱秀珊
編輯：歐子玲
精油攝影：周禎和
美術設計：行者創意
編輯總監：鄭淑娟

國家圖書館出版品預行編目資料

精油香水第一次玩就上癮 ：創造
香氛新樂趣，40 種精油香氣解析
＋ 10 大調香經典法則＋ 120 款
獨家香水配方，絕不藏私完整公
開！/ Nina 著 . -- 出版 . -- 臺北市
: 日日學文化 , 2020.1
面；　公分 . -- ( 客廳 ; ASLI0005)
ISBN 978-986-97766-4-6

1. 香水 2. 香精油

466.71　　　　108020093

出版者：日日學文化
電話：（02）2368-2956
傳真：（02）2368-1069
地址：106 台北市和平東路一段 10 號 12 樓之 1
郵撥帳號：50263812
戶名：日日幸福事業有限公司
法律顧問：王至德律師
電話：（02）2341-5833

發行：聯合發行股份有限公司
電話：（02）2917-8022
製版：中茂分色製版印刷股份有限公司
電話：（02）2225-2627
初版一刷：2020 年 1 月
定價：580 元

Herbcare 香草魔法學苑 / 精油專家
https://www.herbcare.com.tw

IG 不定時分享即時動態
https://www.instagram.com/herbcaretw/

Facebook 每週固定分享精油活用文
https://www.facebook.com/Herbcare520/

Line 限時優惠好康及芳療師線上一對一諮詢
https://line.me/R/ti/p/%40btj5230q

## 精油香水大百科讀者專享優惠

特價
**1000**元

### 精油香水 DIY 套組
三折再包郵（原價 3500 元）

● 精油香水 DIY 套組內容：
**六種精油任選三種：伊蘭 / 苦橙葉 /**
**雪松 / 薰衣草 / 松針 / 安息香**
**隨身香水噴瓶（空）X3**
**小漏斗 X1、香水酒精 30ml X2**

● 說明：

三瓶精油都是標準 10ml 容量，純植物精油
如果你手邊沒有精油，正好補足。
如果你已經有精油，也可以挑選需要的。
精油原價：**伊蘭** 1200元 / **苦橙葉** 1200元 / **雪松** 1200元
　　　　　**薰衣草** 990元 / **松針** 1000元 / **安息香** 900元

香水材料齊全，馬上就可以動手 DIY
香水酒精、空噴瓶、甚至連小漏斗都有，省去自己到處張羅的麻煩。
立刻動手調配專屬於您的精油配方香水。

＊本品為購書讀者專享優惠價（一人以一件為限），欲購請掃專用條碼

# 香草魔法學苑

## 關於我們

「因被需要而開始」，是香草魔法學苑成立的初衷！
當年，精油之於香草魔法學苑的創辦人就像是魔法般，為生活揮
灑出繽紛的色彩，每一瓶精油的好，他都能琅琅上口，憑藉著這
股熱忱，香草魔法學苑網站積累至今已超過 2000 篇文章，堪稱
全台最大的「精油知識資料庫」，所有有關精油使用上的疑難雜
症，在香草魔法學苑都能找到答案！

## 享受芳療師的真實服務

● 香草魔法學苑擁有專業顧問團隊　　● 提供專業一對一線上客服服務
● 不定期舉辦精油專業講座

## 六道品質把關

● VSOP(Very Superior Old Process) 多年優質採購管道／ 20 多年的採購經驗，讓我們
　擁有專業優質的原料供應來源，以及某些市面已缺稀的獨家精油品種。
● 配方內部測試與檢驗／香草魔法學苑的每一瓶精油皆經芳療師、資深顧問群審慎試
　用、評估後才會被正式開發成商品販售。
● 有機認證／香草魔法學苑為有機交易協會會員，相關產品均經有機協會的認證。
● SGS 檢驗／香草魔法學苑皆定期將產品送至 SGS 單位進行測試。
● GC 圖 (Gas Chromatography) ／香草魔法學苑於採購時均經由 GC 鑑定精油的組成成
　分與帖烯類含量多寡，檢測相關主成分含量比重是否達標，使消費者能有安全保障。
● COA(Certificate of Analysis) ／香草魔法學苑所有的產品於進口時，皆會附上 COA
　成分分析證明文件提供報關檢驗，我們的每一瓶單方精油都有屬於自己的身分證。

## 花更少買更多

精油並非越貴越好喔！舉例來說，普羅旺斯的薰衣草精油分為七個等級，我們選擇
的是中間等級，因為這個等級是性價比最高的，卻不一定是最貴的，而我們只選擇
最合適的！同為精油玩家的我們，採購時所秉持的原則就是一定要精選品質非常
好，然而性價比也必須最高，讓消費者能花更少買更多！

# 美國 NAHA 國際芳療師 &心靈療癒師雙認證

## AFA－NAHA明星芳療師課程獨家7大特色

### ❀ 情緒與症狀探討

從情緒療癒為出發點，每個疾病的背後都有情緒與生活習慣的問題，所以要真正處理顧客的問題，就要對症下藥，從最根源的情緒問題與生活習慣開始處理，我們是亞洲第一家以情緒療癒為出發點的機構。

### ❀ 心理諮商與療癒

AFA課程不僅是學習到知識，更是一趟自我療癒之旅，我們結合《心療癒課程》，目的是幫助學員們更了解自己也更愛自己，才有辦法進一步運用專業去服務客戶，也幫助客戶療癒身心靈。

### ❀ 植物花語

課程中會學習到每個植物的花語，這是坊間機構所沒有的，植物花語是植物與生俱來的天賦，可以藉此了解到很多心靈層面的意涵，也是與人溝通更具有共鳴。

### ❀ 香氣讀心術

透過課程所學的精油摸香，開啟你的直覺與智慧。學習摸香可以進一步了解潛意識的想法，知道怎麼與顧客快速建立連結與信任，並且了解顧客的需求，讓客戶相信你的專業而買單，是所有銷售人員必學技術。

**AFA芳療樂活協會**

愛分享 ♥ 樂生活

### ❀ 香氣夢境解析

使用精油後，身體會藉由夢境來釋放內心問題，所以使用精油常常會做夢，但外面機構認為只是好轉反應，無法解析但在AFA的NAHA課程中，我們會教大家如何解析，藉由夢境直接深入顧客內心，了解潛意識想傳遞的訊息。《佛洛伊德的心理學：夢是一種潛意識的訊息》

### ❀ 獨特調香技術

坊間的機構大部分學的是身體問題對應精油調配，我們不僅教你對應到精油還教你如何把氣味做合適的調配。別的芳療師調出來的功能性精油味道都不一定很好聞就像良藥苦口一樣，可是我們會對應到氣味與個性的搭配，達到良藥可口，獨一無二的配方。

**詳細介紹請掃描QRcode**

### ❀ 世界芳療接軌

AFA學員可以用美國NAHA證照進而申請英國IFPA、IFA國際芳療師認證（只須補課程時數，不須再重新學習）；在AFA，你有機會把世界上最權威的專業證照NAHA、IFPA、IFA一次拿到手。

# AFA幸福企業系列課程

## 情緒快樂與情緒績效兩大系列課程

### 員工的幸福感愈高，員工的工作效率就愈高，
### 員工的流動率就愈低，團隊的業績就會穩定提升。

**AFA 芳療協會推出幸福企業課程，為企業打造有效率的工作態度及快樂的團隊氛圍。**

您和您的員工有以下困擾嗎？

心情低弱？沒有動力？工作效率低？→該如何釋放 / 神經緊張？壓力過大？全身痠痛疲勞？→該怎麼舒緩

憂鬱、躁鬱、焦慮，讓您渾身不對勁？→如何能做好情緒管理 / 頭痛、頭暈，注意力無法集中？→如何幫助提升活力

以上的問題，由 AFA 芳療樂活協會來幫您解答。

AFA 芳療樂活協會致力於推廣芳香療法的生活化，教育社會大眾如何保持開心的情緒和更佳的工作效率，幫助人們享受樂活生活、提高工作效率，紓緩減低壓力！歡迎各地單位提前預約，可用於業務單位的客戶活動、醫療單位的教育積分課程、員工的福利活動與教育訓練、學生與老師的樂活課程、志工社工們的舒壓活動等...，本活動純屬教育，不涉及商業行為。

詳細介紹
請掃描
QRcode

# 好康豪華禮大相送都在日日學文化！

只要填好讀者回函卡寄回本公司（直接投郵），您就有機會得到以下各項大獎。

## 獎項內容

**頭獎** 玩精油調香水大禮包
價值3,300元
共1個名額

### 內容包括

A. 調香器具：六格木盒×1，水氧機×1，松果盒×2，擴香石×1。
B. 10ml精油：伊蘭×1、花梨木×1、苦橙葉×1、葡萄柚×1、安息香×1、岩蘭草×1
C. 調配品：100ml香水酒精×2，10ml精油滴頭瓶×5，8ml精油香水噴瓶×2
D. 紙製品：21種入門必備精油使用魔法手冊×1，精油香水DIY秘訣×1

**二獎** 5ml茉莉精油
價值2,500元
共5個名額

**三獎** 精油香水DIY套組
價值1,490元
共10個名額

### 內容包括

A. 10ml精油（伊蘭×1、苦橙葉×1、雪松×1）
B. 8ml精油香水噴瓶×1
C. 10ml精油滴頭瓶×2
D. 100ml香水酒精×1

## 參加辦法

只要購買《精油香水第一次玩就上癮——創造香氛新樂趣，40種精油香氣解析＋10大調香經典法則＋120款獨家香水配方，絕不藏私完整公開！》，填妥書裡「讀者回函卡」（免貼郵票）於2020年4月15日前（郵戳為憑）寄回【日日學文化】，本公司將抽出共16位幸運的讀者，得獎名單將於2020年4月20日公布在：
日日學文化粉絲團：https://www.facebook.com/AlwaysStydying/

◎以上獎項，非常感謝香草魔法學苑獨家大方熱情贊助。

10643

台北市大安區和平東路一段10號12樓之1

日日幸福事業有限公司　收

書名｜讓消毒水香第一次用就上癮　　書號｜ASLI0005

感謝您購買本公司出版的書籍,您的建議就是本公司前進的原動力。請撥冗填寫此卡,我們將不定期提供您最新的出版訊息與優惠活動。

▶

**姓名**:＿＿＿＿＿＿　**性別**:□男　□女　**出生年月日**:民國＿＿＿年＿＿＿月＿＿＿日

E-mail:＿＿＿＿＿＿＿＿＿＿＿＿＿＿＿＿＿＿

**地址**:□□□□□＿＿＿＿＿＿＿＿＿＿＿＿

**電話**:＿＿＿＿＿＿　**手機**:＿＿＿＿＿＿　**傳真**:＿＿＿＿＿

**職業**:□學生　　　　□生產、製造　　□金融、商業　　□傳播、廣告

　　　　□軍人、公務　□教育、文化　　□旅遊、運輸　　□醫療、保健

　　　　□仲介、服務　□自由、家管　　□其他

▶

1. 您如何購買本書?□一般書店(　　　　　書店)　□網路書店(　　　　　書店)
　　□大賣場或量販店(　　　　　)　□郵購　□其他

2. 您從何處知道本書?□一般書店(　　　　　書店)　□網路書店(　　　　　書店)
　　□大賣場或量販店(　　　　　)　□報章雜誌　□廣播電視
　　□作者部落格或臉書　□朋友推薦　□其他

3. 您通常以何種方式購書(可複選)?□逛書店　□逛大賣場或量販店　□網路　□郵購
　　　　　　　　□信用卡傳真　□其他

4. 您購買本書的原因?　□喜歡作者　□對內容感興趣　□工作需要　□其他

5. 您對本書的內容?　□非常滿意　□滿意　□尚可　□待改進＿＿＿＿＿＿

6. 您對本書的版面編排?　□非常滿意　□滿意　□尚可　□待改進＿＿＿＿＿＿

7. 您對本書的印刷?　□非常滿意　□滿意　□尚可　□待改進＿＿＿＿＿＿

8. 您對本書的定價?　□非常滿意　□滿意　□尚可　□太貴

9. 您的閱讀習慣:(可複選)　□生活風格　□休閒旅遊　□健康醫療　□美容造型　□兩性
　　　　　　　　□文史哲　□藝術設計　□百科　□圖鑑　□其他

10. 您是否願意加入日日幸福的臉書(Facebook)?　□願意　□不願意　□沒有臉書

11. 您對本書或本公司的建議:＿＿＿＿＿＿＿＿＿＿＿＿＿＿＿＿＿＿＿
＿＿＿＿＿＿＿＿＿＿＿＿＿＿＿＿＿＿＿＿＿＿＿＿＿＿＿＿＿＿＿＿＿
＿＿＿＿＿＿＿＿＿＿＿＿＿＿＿＿＿＿＿＿＿＿＿＿＿＿＿＿＿＿＿＿＿
＿＿＿＿＿＿＿＿＿＿＿＿＿＿＿＿＿＿＿＿＿＿＿＿＿＿＿＿＿＿＿＿＿

**註**:本讀者回函卡傳真與影印皆無效,資料未填完整即喪失抽獎資格。